JN275902

東京スリバチ地形入門

皆川典久
＋
東京スリバチ学会

イースト新書Q
Q013

はじめに

本書は2013年1月よりWebマガジン「マトグロッソ」で、32回にわたって連載された「スリバチに誘われて～凹凸地形が奏でる街角のストーリー」の中から、東京にまつわるエピソードを厳選し書籍化したものです。

自分は2003年より石川初《はじめ》氏とともに「東京スリバチ学会」なるものを立ち上げ、都内の凹凸地形をめぐるフィールドワークと記録を続けてきました。フィールドワークは月に1回のペースで春と秋に行い、開催案内はブログで告知しました。出欠も取らず自由参加を基本とし、現地集合・現地解散というテキトーなスタイルで気ままに続けていましたが、怪しい町歩きのウワサをどこからか聞きつけ、一風変わった趣味をお持ちの方々（失礼！）も集まるようになりました。歩きながらの無駄話も楽しいもので、ご自身のニッチな世界観や、役に立ちそうもない知見を惜しげもなく披露する方々も現れ、お互い呆れながらも驚きと発見に満ちた場となっていったのです。10年以上もフィールドワークが続けられたのは、たしかに見知らぬスリバチとの出会いがあったからには違いないのですが、スリバチに誘われるように、何処からともなく集まってくるユニークな方々との出会いも大きな要因だったのだと思います。
そんな様々な趣味を持った方々に御寄稿いただき、人とは違った「町を観る視点」を紹介したいと考えました。スリバチフィールドワークのライブ感を、ちょっとだけでも味わっていただけたら幸いです。

自分はよく「書を捨て谷に出よう」と言っていますが、それはスリバチの魅力を紙面で伝えることの難しさに悩んでいたからです。しかし土地の起伏を表現する描画ソフト「カシミール３Ｄ」が公開されたことで、スリバチ状の窪地の存在を紙面でも知ってもらえるようになりました。本書の立体地図や鳥瞰図は、国土地理院が公開している標高データを「カシミール３Ｄ」を用いて描画したものです。「カシミール３Ｄ」の開発者、杉本智彦さんには東京スリバチ学会を代表して、この場を借りてお礼申し上げます。

２０１６年2月
東京スリバチ学会会長　皆川典久

プロローグ

スリバチとは何か？——赤坂・薬研坂

皆川典久

東京の谷間を歩き廻っている。

「山の手」と呼ばれる東京の都心部には坂が多く、ここが起伏に富んだ土地だということはよく知られている。しかし、その坂の多くが上り坂と下り坂が向かい合う構造の、つまり谷越えの坂であることはあまり知られていない。例えば、渋谷では駅を挟んで宮益坂と道玄坂が東西に向かい合っているし、谷中では不忍通《しのばずどお》りを挟んで団子坂と三崎坂《さんさきさか》が相対している。いま挙げた、渋谷・谷中という二つの地名には「谷」という文字が含まれているが、その名の通りどちらも地形的には「谷間の町」なのである。他にも、四ツ谷、市ヶ谷、千駄ヶ谷、幡ヶ谷、茗荷谷など、東京には「谷」と付く地名が意外にも多く、「谷」は東京を理解する、あるいは語る上での重要なキーワードのひとつに違いないのだ。

谷との出会いは突然であった。

きっかけは、地下鉄で港区赤坂にある会社に向かう途中で突然、ひとつ手前の駅から歩いてみようと思い立ったことにあった。人や車が行き交う青山通りから、何気なしに一本裏通りに逃れてみたら、自分の知らない不思議な地形が待っていたのだ。それは、平坦な台地が突然陥没したかのような、プリンをスプーンでえぐったかのような窪地だった。そしてそれを見た瞬間、「スリバチ」という言葉が浮かんだのだった。

その窪地の底面には、これまですぐ近くを歩いていたにもかかわらず、まったく気づいていなかった隠れ里のような町が静かに息づいていた。そのときの驚きを誰かに説明するとき、川端康成風に「わき道に逸れると、そこはスリバチだった」と表現しているが、いわゆる尾根道である表通りからでは決してうかがい知れない、意外な別世界があることを、私はそのとき知ったのだった。

私を窪地へ誘った坂の名は「薬研坂《やげんざか》」。向かい合う坂の形状が、薬を磨り潰す薬研《やげん》（スリバチ）の形に似ているために付けられた名前だった。

「東京スリバチ学会」を発足するきっかけとなった薬研坂（港区）

武蔵野台地の東端部に位置する東京都心部は、谷が多く刻まれているのが特徴だ。関東ローム層と呼ばれる火山灰が風化した赤土で覆われているのだが、透水性の高い関東ローム層は、水を含むと崩れやすいため、侵食面は急峻な断崖状となりやすく、谷はV字状ではなくフィヨルドのようなU字状を成す。関東地方で「谷戸《やと》」とも呼ばれる特殊な地形だ。上京して間もない頃の自分の目には、その独特な形状がとても不思議に映ったので、「スリバチ」と勝手に命名したわけだが、前述の港区薬研坂の窪地は、まさにその「スリバチ状の谷」の典型だったのだ。

自分が特に興味を持ったのは谷が始まる部分、地理用語で「谷頭《こくとう》」と呼ばれる谷の先端部だ。谷は川の侵食作用で大地が削られたもの（河谷《かこく》という）であるが、川はいくつもの支流が合流して大きな川になる。つまり河谷は、上流にいくにしたがって「鹿の角」のように枝分かれをする場合が多い。その角の先、すなわち分岐した谷頭こそが、三方を囲まれた窪地となる部分であり、自分が最も関心を寄せる「スリバチ」なのである。

特に河谷の幅が１００ｍにも満たないような箱庭的なスリバチは最高だ。丘に登れば河谷の対岸を望むことができ、その全体像を把握できるからだ。しかも谷底には、都市化さ

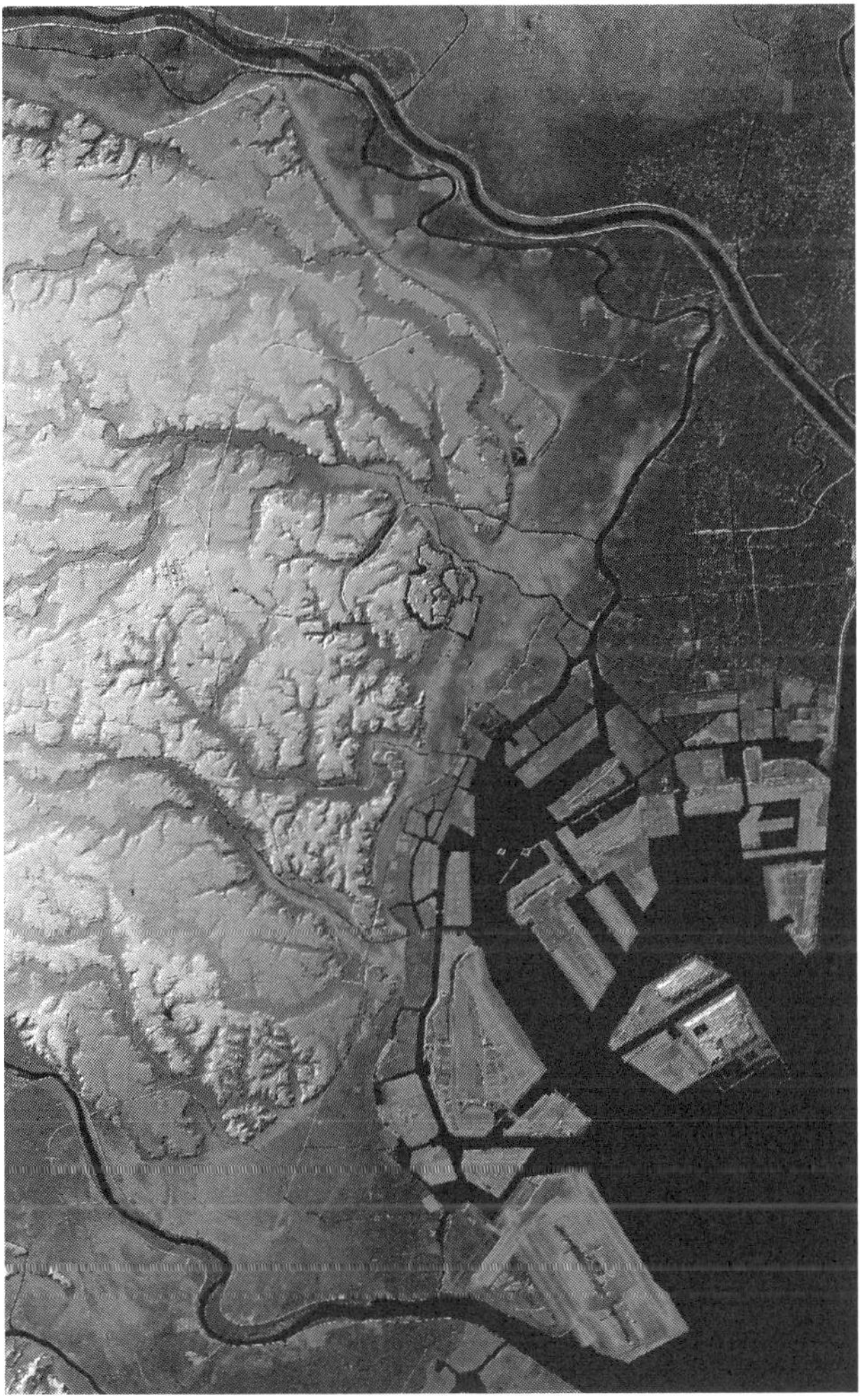

東京都心部の凹凸地形図

れた東京にありながらもいまだに清水が湧き出るパワースポットが潜んでいる場合もある。「東京砂漠」などと言われる東京にも、オアシスは見いだせるのだ。

さて、このように地形を意識しながら東京の町をめぐっていくと、薬研坂下のような、静寂に包まれた山の手の「下町」に出会えることがたびたびあった。谷の底で待っていたのは、生活感の溢れ出た路地や木造家屋が軒を並べる、まるでタイムスリップしたかのような町並、崖で行き止まりの袋小路、時には迷惑そうにこちらをうかがう猫などだった。崖の上の高層建物は窪地にある低層の建物を見下ろし、崖の上と下とで、その対比が際立っていた。

上京して以来、下町や路地を気ままに散策することを趣味にはしていたが、いくつかの谷間を意識的に回っていると、既視感のある光景が眼前に現れ、不思議な感覚に囚われることがよくあった。この既視感はなぜ引き起こされるのだろうか。

その理由は土地の歴史によるものだった。

東京の町の骨格は江戸の町割りを下敷きにしている。主要な道路や敷地割りは江戸期の町の構成を踏襲しているし、神社や仏閣などの位置も基本的には変わっていない。江戸の町は、地形の特徴を活かしながら築かれた計画的な町であった。だから、凹凸地形に着目すると、江戸の記憶や断片が随所で浮かび上がるのだ。目の前に繰り返し出現した光景とは、いにしえの時代から構造化されてきたものなのだろう。

どんな土地でも、見つけ出した「残像」の生い立ちを丹念に探ってゆけば、興味深いストーリーがいくらでも浮かび上がってきそうだ。それこそが、スリバチめぐりがやめられない所以《ゆえん》なのかもしれない。

本書では、スリバチ地形を介して出会ったエピソードの数々を紹介してゆく。いわば「スリバチ」が呼び寄せた町角のストーリーだ。読んだら町(谷)に出たくなった、そんな感想を抱いていただけたら何よりである。

赤坂の窪地を高台から眺める。甍《いらか》の波が谷間を埋め尽くす様は海原のようだ。高層建物は窪地を取り囲むように丘の上に建つ

●目次

エピソード1

パーフェクトな窪地の町

――荒木町、白金台、幡ケ谷

皆川典久

東京には、真にスリバチ状の町が存在している。

都心部、山の手と呼ばれる武蔵野台地東端部には、幾筋もの谷が刻まれており、谷頭《こくとう》にあたる三方向を丘に囲まれた窪地のことを我々は「スリバチ」と呼んでいる。「東京スリバチ学会」という名称は、その形状に抱いた印象から名付けたもので、当然ながら学術的な呼称ではない。そもそも谷とは川の流れによって造られるものであり、となれば当然下流側に開かれているのが道理である。「スリバチ」という、周囲が閉じられたものになぞらえた呼び名は誤解を招くのではないか、という懸念が、実は会の発足当初からあった。

ところが、その懸念はすぐに払拭された。都内を歩き回るうちに、三方向のみならず四方向を丘で囲まれた、正真正銘のスリバチ地形、クレーターのような窪地がいくつも存在していることが分かってきたのだ。東京スリバチ学会では、このような四方向を囲まれた窪地を「一級スリバチ」と呼ぶこととし、以後、観察と記録を続けている。これは、自然の河川が造る谷地形（河谷《かこく》）ではありえない特殊な形状だ。対して、私たちが最初に注目したような三方向を囲まれた窪地を「二級スリバチ」、両端を高い崖に挟まれた谷を「三級スリバチ」と名付け、分類することとした。

それでは「一級スリバチ」のなかでも、とりわけ特異な成り立ちを持つ場所を紹介したい。

ダムマニアの残像（新宿区荒木町）

東京メトロ丸ノ内線の四谷三丁目駅と都営新宿線曙橋《あけぼのばし》駅の間に位置する、住居表示では新宿区荒木町《あらきちょう》と呼ばれる一帯を紹介したい。メインストリートである新宿通りや外苑東通りを歩いていても、この町が窪地であることにはなかなか気づかない。『わき道に逸れると、そこはスリバチだった』という東京スリバチ学会の名言（迷言！）をプロローグで述べたが、こここそ、メインストリートを外れ、寄り道をすると、未知なる魅惑の世界が広がっている典型的な場所なのだ。

驚くべきことに、荒木町の窪地は、四方をきっちりと丘に囲まれており、谷の出口がまったく見当たらないという、完璧な一級スリバチである。荒木町は、地形マニアにだけでなく、路地好き・階段好き・歴史好きな人たちにとっても奥深く意外性のある町、まさに都会のワンダーランドなのだ。

その魅力をひも解き、地形を楽しむには、土地の歴史を知ることが肝要だ。我々はまず、江戸から現代に至るまでの過程を辿り、町の成り立ちについて探ってみた。

現在の荒木町は、個人経営の小さな飲食店が軒を連ね、夜の帳が下りる頃には色とりどりの電飾が輝きだす魅惑の町。一歩足を踏み入れれば、歌舞伎町の歓楽街や神楽坂の情緒ある町並みとも違った、ここならではのムードが漂う。

もともと荒木町は、三業地《さんぎょうち》と呼ばれる、芸者を抱えた花街《かがい》として栄え、著名人も多く訪れるまさに都会の隠れ家的な存在であった。ただし、それだけでは、町に漂う特異なムードを説明することはできまい。

この荒木町の独特な空気感は、やはり、極めて特異な地形によるところが大きいのだ。町全体がスリバチ状の、あるいは蟻地獄のような求心性のある傾斜を持っている。窪みへ吸い寄せられるように石畳の階段を降りてゆくと、策《むち》の池（地元での別名は「かっぱ池」）と

3D画像で見ると、閉ざされた窪地形状をした荒木町の姿が鮮明に浮かび上がる

呼ばれる小さな池と、池畔《ちはん》に祀られた津《つ》の守《かみ》弁財天の小さな祠《ほこら》を見つけ出せるであろう。どうやら、この辺りがスリバチの底らしく、そこから周囲を見渡すと、断崖状の丘の上に聳え建つ高層のマンションやビルが窪地を見下ろしているようで、あたかも古代ローマの円形劇場の舞台に立ったような錯覚すら覚える。

この摩訶不思議な一級スリバチ地形は、人為的に作られたものであった。

江戸時代、五代将軍綱吉の頃、この一帯に大名屋敷を構えていた岐阜美濃高須《みのうたかす》藩の殿様、松平摂津守《せっつのかみ》は、谷から湧き出る清水を堰き止めて池を築き、回遊式の大名庭園を造営した。切り立った崖から、水が4mほどの滝となって流れ落ちる様子が当時の錦絵にも描かれている。豊富な湧水があった谷の出口を土塁（ダム）を築いて塞いだ結果、谷は四方向を閉ざされ水が溜まり、一級スリバチとして特別な歴史を歩み始める。近年の発掘調査で、土塁の下には池の水を清浄に保つための排水路が設けられていたことが明らかになり、この地形が人工物であることが裏付けられた。

スリバチの底にある大名屋敷の名残り、策の池と弁財天

江戸から明治の世に変わり、主《あるじ》を失ったこの大名庭園の池は、一時は荒れ果てていたらしいが、民間に払い下げられてからは、スリバチの底に残された風光明媚な水辺に誘われるように芝居小屋や茶屋が作られ、やがて芸者のいる花街へと華やかな発展を遂げた。江戸時代の大名庭園は、明治の世になった際、華族や財閥の邸宅へと転用されたものも多いのだが、荒木町の大名庭園は他と比べても規模が小さく中途半端な土地だったためか、遊興地として、独自の歴史を刻んできたのである。

こうして、一大名の道楽で生まれた世にもめずらしい正真正銘のスリバチ地形は、壊されることなく生きながらえた。時代の経過とともに土地の上物《うわもの》はその都度形を変えたが、ユニークなスリバチ地形はその姿を変えることなく町の変遷を見守り続けた。荒木町のスリバチに佇むとき、私たちは、いにしえからの土地の記憶を追いかけずにはいられない。

荒木町を丘の上から眺めると、スリバチの底にある町を丘の高層建築が取り囲んでいる様子が分かる

悪水溜というスリバチ（港区白金台4丁目）

憧れの町、白金《しろかね》、おしゃれなプラチノ通りの裏にひそむ不思議な窪地の存在をご存じだろうか。住所でいうと白金台4丁目、周辺よりも5m程度の比高を持つ小さな窪みは現在、都会の喧騒とは無縁の閑静な住宅地となっている。台地との境界部には古い煉瓦造りの擁壁が残り、窪みへ下りる

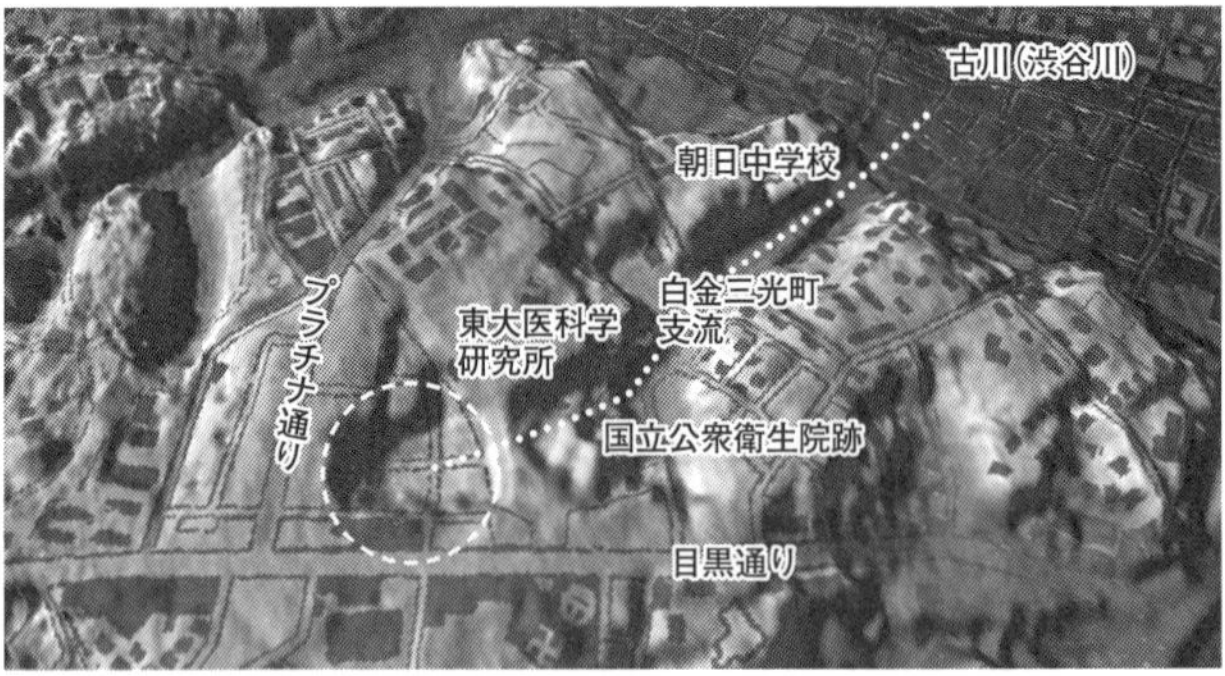

悪水溜の窪地は一級スリバチ地形だということが分かる

道は急坂か階段となっている。

この窪みは、白金三光町《しろかねさんこうちょう》支流と呼ばれる古川（渋谷川）支流の水源だった場所で、ここから流れ出た川は、国立公衆衛生院跡地の谷間を経て、朝日中学校の校庭脇を流れ、三光町のあたりで古川に注いでいた。

国立公衆衛生院があった谷間には、近年まで池が残されていた。下流側の朝日中学校校庭脇の崖下《がいか》には風情たっぷりな暗渠路が残っており、かつての流路を確認できる。

この白金の窪地が一級スリバチ地形となったのは、目黒通りから東京大学医科学研究所へのアプローチ道路が、土盛り（土手）で白金三光町支流の谷を越えているためである。谷頭の窪地にはかつて「悪水《あくすい》溜《だめ》」という池があったという記録が残されている。

丘と窪地を分ける煉瓦造りの古い擁壁

池は明治後期に埋め立てられ、現在のような住宅地になったのだという。車の進入もほとんどなく、静寂に包まれた隠れ里のようなスリバチだ。

連続する一級スリバチ（渋谷区初台・幡ヶ谷・笹塚）

次に紹介するのは、連続する一級スリバチの群れである。

京王新線初台駅から笹塚駅にかけての間には、複数の窪地あるいは河谷が連なっている様子が次ページの鳥瞰図から見て取れる。これらの谷はみな川が侵食した自然地形であり、神田川笹塚支流（和泉川とも呼ばれる）へと北に向かって流れ込む、いずれも1㎞にも満たない小さな川があった証である。

ここで注目したいのは、東西を走る道路の存在。この道路が一直線にそれぞれの谷を渡っ

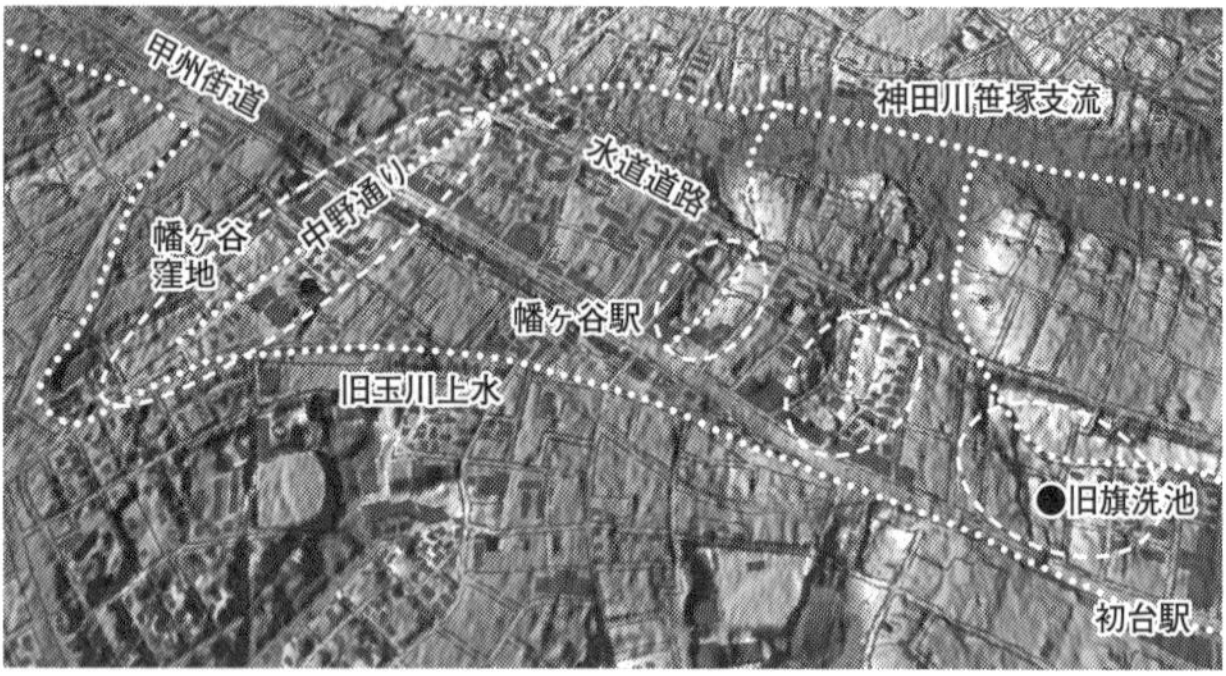

初台駅から笹塚駅の間に連続する複数の一級スリバチの群

ているため、河谷の上流部分が土手で閉じられ、一級スリバチ地形となっているのだ。この道路は、水道道路と呼ばれ、道路の下には淀橋《よどばし》浄水場へと至る水路が敷設されていた。明治31年（1898年）、杉並区和泉町の旧和田堀水衛所《わだぼりすいえいじょ》から新宿の淀橋浄水場まで一直線に玉川上水の新水路が築かれた。掘削《くっさく》土《ど》によって谷を塞いだため、このような特異な地形が生まれたようだ。上水道は甲州街道拡幅工事の際に、甲州街道下に埋設され、水路跡に建設されたのが都道角筈《つのはず》・和泉町線（通称：水道道路）なのである。

鳥瞰図で一番左の窪地は幡ヶ谷牛窪《はたがやうしくぼ》と呼ばれ、ほぼ中野通りに沿って、南へと谷間が続いている。旧玉川上水は尾根筋に溝を掘って作られたのだが、中野通りでは、流路を大きく南へ迂回させているのも見て取れよう。この不自然な迂回こそが幡ヶ谷牛窪を避けた結果なのだ。幡ヶ谷駅の北側にも小さな窪みがあるが、谷底から水道道路の土手を見上げると、５m程度の比高があることが左の写真からも分かる。この窪地のすぐ東にも別の窪地があり、こちらは子育《こそだて》地蔵が土手に祀られていることから地元では地蔵窪と呼ばれている。

初台駅寄りにある窪地（図の右側）には、かつて「旗洗池《はたあらいいけ》」という小さな池があったとされる。源義家が上洛のときにこの辺りを通り、この池で源氏の軍旗である白旗を洗った伝説が「幡ヶ谷」の地名の由来になったのだ。旗洗池はこの付近に多くあったとされる湧水を溜めた池で、肥前唐津藩《ひぜんからつはん》小笠原《おがさわら》家の邸宅内にあった頃は60㎡ほどの大きさがあった。１９６３年に埋め立てられ、現在は新聞社の社員寮になっている。

土手に上る階段が設けられているため、比高を理解しやすい

ダイダラ坊の足跡

最後に武蔵野台地に点在する、とても不思議な窪地を紹介しておきたい。既に述べたと

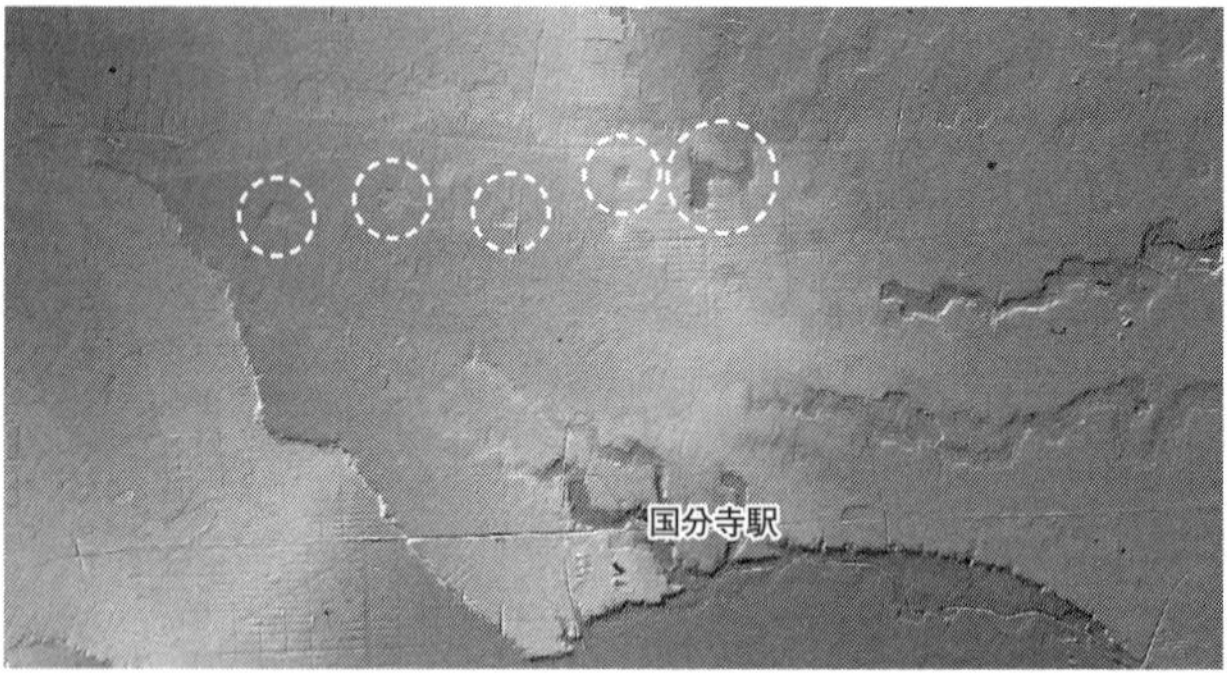

武蔵野台地には、地形図でも判読しづらい、丸い窪地が点在している

おり、通常、谷や窪地は「川が造った」ものだが、これから紹介する谷は、その出生も不明なミステリアスな一級スリバチなのだ。

それらは「ダイダラ坊（大太郎法師《ダイダラボッチ》）の足跡」と呼ばれる丸い窪地で、細長いものは「マッツバ」とか「シマッポ」などと呼ばれている。大きさは鉄道の一駅間にも満たない程度の規模で、深さにしても2〜3m程度のものが多く、現地でも気づきにくい浅い窪地である。

これらの窪地の成り立ちは今のところ解明されていない。風の侵食作用によってできたとか、隕石の落下によるものだとか、様々な説が提示されている。『東京の自然史』（講談社学術文庫）の中で貝塚爽平氏は「宙水《ちゅうすい》（地中の狭い範囲に溜まった地下水）が大雨の際、地上に溢れだして地表面を侵食したもの」と推論している。いずれにしてもミステリアスなスリバチ群なのである。

成因の分からない一級スリバチも無数に点在する武蔵野台地、自分たちにはそんな広大なフィールド、あるいはフロンティアが与えられていることに、喜びとときめきを感じずにはいられないのである。

住宅地に潜む不思議な窪地・ダイダラ坊の足跡

エピソード2

谷町とギンザの意外な関係

——戸越銀座

皆川典久

谷に集まるのはムーミンだけではない。

東京の谷間や窪地にはホッとできるような、いわゆる下町的な場所が多い。谷中を代表例に、雑司ヶ谷や大塚などがよい例だ。今ではすっかり都会的になってはいるが、赤坂、五反田、麻布十番なども谷にできた商店街が起源だ。

谷を歩き続ける楽しみのひとつに、地元で愛されている商店街との出会いがある。個人経営の店が続くレトロな商店街や看板建築の町並み、入り組んだ路地などがまだまだ残されていて、懐かしい気分に浸ることができる。山間部の谷あいの集落や温泉場の事例を持ち出すまでもなく、東京においても、谷に惹きつけられるのはムーミンだけではなく、人も集まる傾向があるのだ。

かつて銀行の新規出店担当の方から聞いた話がある。地元で流行《はや》る店舗になるかどうかは、その店が坂を下りた場所にあるかどうかにかかっているのだという。

東京は大きく「山の手」と「下町」に分けられる。「山の手」とは皇居よりも西側の武蔵野台地に広がるエリアを指し、「下町」とは皇居東側の平野部（低地部）を言う。地形の成り立ちでいえば、関東ローム層が積もってできた洪積《こうせき》台地が「山の手」で、隅田川や荒川の氾濫原であるデルタ地帯の巨大な沖積地《ちゅうせきち》が「下町」なのだ。

さて、東京スリバチ学会が主に探索しているのは、武蔵野台地面に刻まれた谷や窪地であって、神田川や渋谷川をはじめとした河川やその支流が台地を削り、谷底に砂泥《さでい》が堆積した「小規模な沖積地」にあたる。地形的にいえば、山の手のなかに散在する沖積低地（下町）を探し求めているということになる。

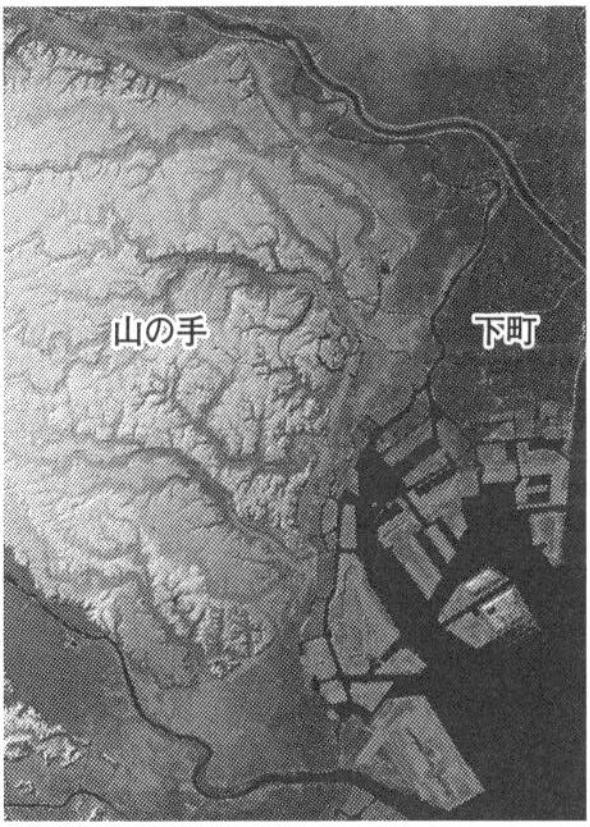

山の手と下町では、はっきりとした地形の違いがある

かつてのデルタ地帯は、河川が氾濫する

と一気に押し流されてしまうため、稲作には多大なリスクが伴った。大河川流域の沖積平野が穀倉地帯として成立したのは、大規模な労働力と土木技術が活かせるようになった近代以降である。

一方、山の手の谷間は、都市化される以前、豊かな湧き水や谷底を流れる川の水を巧みに水田に利用していた。小規模ながら、氾濫というリスクが少ない分、古代から安定した水田経営が行われていたのである。早稲田・神田・桜田・祝田・蒲田・田町など、地名に「田」が付く一帯は、かつて豊かな水田風景が谷間に広がっていた地域なのだ。

江戸時代から近代にかけて、これら小規模な水田地帯の宅地化が一気に進んだ。江戸時代では明暦《めいれき》の大火をはじめ、町を焼き尽くした大火災や大震災の後に、近代においては関東大震災や戦災の復興期に、急激に宅地開発が進められていったのが谷底低地だった。

そのような町は、谷間に沿って曲線を描いている街路が多いので、住宅地図などで判別しやすい。軒を並べる建物も小規模で道幅も狭く、路地が多い。宅地面積の細分化は土地の権利関係を複雑にし、土地を集約するような一体的な開発が進行することを難しくしていった。その結果、個々の敷地単位で、小規模な建物の建て替えが時代に翻弄されることなく行われてきた。そのため谷町では、時代から取り残されたような、古くからの町並が残っている場所が多いのだろう。

さらに谷町といえば、住宅地よりも商業地として知られている場所が多い。谷中のよみせ通り、染井銀座商店街、霜降《しもふり》銀座商店街、原宿の隠田《おんでん》商店街や雑司ヶ谷の弦巻《つるまき》通り商店街などが該当する。

どの町も個人経営の商店が並び、地元密着型のローカルな商店街としてその地域を支えている。便利で快適だが、何か満たされない郊外型の大型ショッピングセンター（個人的感想です）とは異なる、親しみのある賑わいを残している。地方都市では車社会（モータリゼーション）の進行で、町の中心商店街は壊滅状態である。一方、地下鉄やバスなどの公共交通とマイカーが微妙に共存している東京では、これら地元密着型の商店街が生き続けており、かけがえのない町の共有財産になっているのだ。

谷中のよみせ通りは、大正9年に藍染川暗渠工事によって川の上にできた道。道路が微妙にうねっているのが川の名残だ

近年の谷町には、既設の古い建屋を改造して町に開かれたカフェやブティック、

ギャラリーなどが、地域をさらに活気づけるという流れが生まれている。店は小さくても個性があれば地域の潜在力につながり、さらに人が集まるという好循環の兆しが見て取れる。自由が丘や下北沢、中目黒などがそのよい例だろう。いずれも谷間の町であることを思い出してほしい。車に頼らないポスト成長主義のコンパクトな町のモデルを、谷の町が示しているというのは言い過ぎだろうか。

日本で最初の「○○銀座」

最後に、谷町における興味深いエピソードを紹介しておきたい。

谷間の商店街で「銀座」と名の付くものは、先に挙げた染井銀座や霜降銀座の他にも多く見られる。谷田川《やたがわ》沖積地の駒込銀座と田端銀座、蛇崩川《じゃくずれがわ》沖積地の目黒銀座、池尻堀《いけじりぼり》沖積地の馬込銀座などである。東京スリバチ学会ではそうした坂の下の商店街を「谷町《たにまち》ギンザ」と呼んでいる。

「○○銀座」と名の付く商店街は全国で３００を超えると言われ、いつしか「銀座」という言葉は、地元でいちばん賑わう商店街の代名詞となった。では、日本で最初の「○○銀座」は何処なのだろうか？

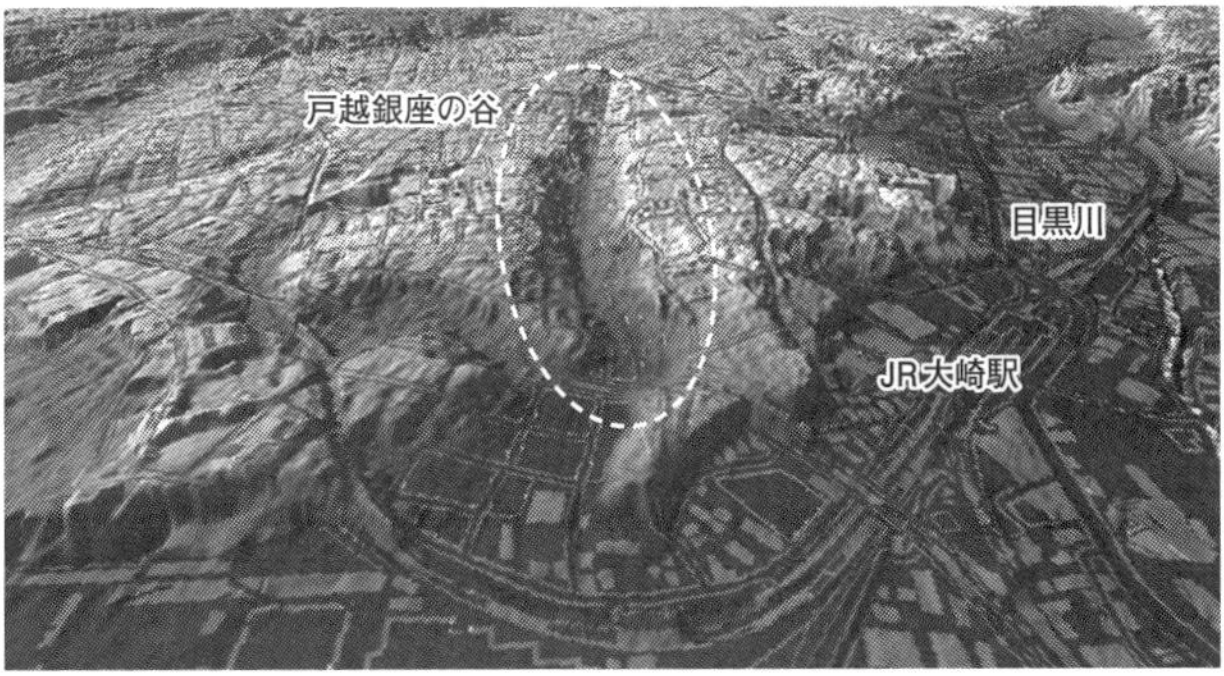

戸越銀座の谷は他の谷と比較しても、不思議なくらい真っ直ぐで、地形的には稀有な例となっている

答えは、品川区の戸越銀座《とごしぎんざ》商店街。戸越銀座の地形は、自然な谷であるにもかかわらず、ほかの谷町のようなうねりがなく、直線状の不思議な商店街として地形マニアの間で知られている。

それでは最初に「銀座」の名を許された理由はなんだったのだろうか？　そこには、実は地形的なエピソードが絡んでいたのである。

関東大震災の頃の戸越銀座周辺は、谷地ゆえ冠水に悩み、道路状況も悪かった。そこへ、震災に遭《あ》った中央区銀座から煉瓦が運び込まれた。舗装替え工事により撤去することになった煉瓦を譲り受けたのである。それを、道路の排水工事に活用したのが命名の由来となったのだ。

ここでひとつ、補足しておきたい。これだけ谷町ギンザを量産しておきながら、なんと本家の「銀座」は谷の町ではなく丘の町である。正確には「江戸前島《えどまえじま》」と呼ばれた砂州《さす》、江戸前の海に浮かぶ微高地に計画的に築かれた町人地がその発祥だ。己の名を谷町にパクられても大らかに許す、崇高なる丘の町こそが本家「銀座」なのであった。

戸越銀座の買い物客でも、ここが谷であると意識する人は少ない

エピソード3

窪みをめぐる冒険
——鹿島谷(大森駅)

皆川典久

町の窪みは海へのプロローグだ。

町角で出会った窪みを低い方へと辿っていけば(荒木町のような四方向を丘で囲まれた一級スリバチでなければ)、やがては海に辿り着くはずだ。谷は、低きへ流れる水が作ったものだから、思えば当然のことではあるが、ふと出会った何気ない町の窪みが海につながっているなんて、なにか浪漫《ろまん》を感じないだろうか。しかも、この理屈を逆に考え、窪みを上流へと遡れば、水源である谷頭《こくとう》に到達できるということである。つまり、お手軽に源流探索も楽しめるわけだ。

東京の谷間では、今でも湧水《ゆうすい》が見られる場所が多数存在している。「山の手(武蔵野台地)」には、表層土の下に関東ローム層と呼ばれる火山灰が降り積もってできた赤土の地層があり、降った雨を地下へ浸透させる性質をもっている。さらに、ローム層の下には不透水層が存在し、その上を雨水が流れてゆくことで、地表に露出した場所(崖)で湧水となる。この湧水を崖線《がいせん》タイプといい、立川市から大田区まで続く国分寺崖線と呼ばれる崖地では、この不透水層上部から流れ出る多くの清水を目にすることができる。

さらに谷頭タイプと呼ばれる湧水もあり、こちらは、三方を囲まれた二級スリバチ地形で観察できる。周囲の台地にゆっくりと浸透した地下水が、窪地の底で湧き出したものだ。井《い》の頭《かしら》池や善福寺《ぜんぷくじ》池、三宝寺《さんぽうじ》池などがこのタイプである。東京スリバチ学会が追い求めるのは、この谷頭タイプの湧水が生み出した地形である。

スリバチめぐりの醍醐味のひとつは、こうした湧水に出会えることである。現代の東京のように、都市化が進行した町の中では、見つけるのはむずかしいと思われるかもしれない。しかし、意外にも多くの湧出スポットが残っているものなのだ。自然地形の営みを感じ取ることのできる、このささやかな湧水に私は感謝したい。近年、明治神宮御苑内の「清正井《きよまさのいど》」が、清水の湧くパワースポットとして脚光を浴

明治神宮内の清正井は、渋谷川支流の水源のひとつで、ここから流れ出た小川の跡が「ブラームスの小径」である。

びたが、ほかにも神聖な湧水スポットは無数に存在し、スリバチめぐりの途中でも、まだまだお目にかかることができるのである。

武蔵野台地面では、関東ローム層が降った雨を地下へと浸透させてしまうため、地表に雨が溜まらず、流れる川も少ない。用水路が築かれる以前は、水の得にくい乾燥した土地であった。農耕に必要な水の確保を天に仰いでいた時代には、湧水はかけがえのないものだったろうし、コンコンと湧き出る清水に神秘を感じ、神聖視していたのも想像に難《かた》くない。現に多くの湧水地点には水神《すいじん》が祀られ、信仰の対象となっている場所も多いのだ。

地形散歩にはそれらの水源を求めるだけではなく、地下化されたり消滅してしまった谷間の川筋（暗渠《あんきょ》）を辿る楽しみ方もある。「暗渠散歩」というジャンルも確立されているので、後ほど専門家に登場していただこう。

それでは、湧水とそれによってできた池が残る、おすすめの探索ルートを紹介しておきたい。

大森貝塚は鹿島谷の河口に位置している

鹿島谷の水源をめざして

JR大森駅西口から池上通り（八景坂《はっけいざか》）を北へ5分ほど歩くと、品川区立大森貝塚遺跡庭園がある。この庭園内に日本の考古学発祥の地、大森貝塚の遺跡がある。貝塚が発見されたのは、JRの線路際の露出した崖地《がけち》であった。

貝塚を遺した縄文集落は、武蔵野台地の突端、大海原を望む崖の上にあった。縄文時代には、現在JRの線路が敷設されている崖下《がいか》辺りまで海が押し寄せていたようだ。ここで注目すべきは、集落のあった丘は南に向かって傾斜し、谷の底には小川が流れていたことだろう。すなわち集落は湾の河口に立地し、海と川の恵みを享受できる絶好のロケーションなのだ。小川の流れた谷は、古くは鹿島谷《かしまやつ》と呼ばれる。その名は近くの鹿島神社に由来するものだろう。鹿島谷は大田区と品川区の区境を成し、この谷を横断する池上通りはなだらかに上り下りしている。谷底の川跡は遊歩道として整備されているため、現地に行けば容易に発見できるだろう。

ここから上流へと鹿島庚塚《かしまかのえづか》を遡ってみるとよい。かつての川筋である遊歩道は鹿島庚塚公園で2方向へ枝分かれする。ひとつ目の谷筋は、鹿島神社の西側に湾曲した川跡を残しているので比較的辿りやすく、途中でコンクリート製の橋の欄干も残されている。地形の窪みに沿って遡れば、巨木に囲まれた滝王子《たきおうじ》稲荷という祠と、水を湛えた池のある一角に辿り着けるはずだ。この辺りの窪みが谷頭で、水源池であろう。

住宅地にポツンと残る、大井・原の水神池は鹿島谷の水源のひとつ

鹿島庚塚公園から分岐したもう　つの谷筋探索はちょっと上級者向けかもしれない、土地の傾斜を注意深く確認しながら底辺と思われる路地を上流へと進んでほしい。不安を感じながらも狭く静かな住宅地を抜けると、突然視界が開け、品川区立出石《いづるいし》児童遊園へ辿り着けるはずだ。この一角に残る小さな池は、大井・原《はら》の水神池《すいじんいけ》と呼ばれ、鹿島谷のもうひ

とつの水源である。水神池は荏原台の湧水を水源としていて、畔には水神社《すいじんじゃ》が祀《まつ》られている。池の水はこの一帯が原村《はらむら》と呼ばれていた頃、農産物の洗い場としても利用されていたという。

鹿島谷に限らず、ほんの数百m程度の短い川でも、一人前に水の湧く谷頭を持つ場合があり、手軽に水源探索が楽しめる武蔵野台地。はるばる山間部の分水嶺《ぶんすいれい》に踏み込まなくても、思い立ったらいつでも気軽に普段着で行けちゃう、スリバチ流「窪みをめぐる冒険」だ。

エピソード4

スリバチ・コードの謎を解け
――大久保、池袋

皆川典久

地名の多くは、地形探索のヒントと成り得る。

全国的にいちばん多い地名の付けられ方は、地形の特色を表現する「自然地名」だと言われている。人々がまず着目したのは、自分たちの住む場所が、山なのか谷なのか、丘なのか川沿いなのかといった、自然環境についてだったということなのであろう。

火山国で降雨量の多い日本列島は、地形が多様で変化に富んでいるので、特徴ある地名も多い。いや、多かったというほうが正しい。地形図マニアのカリスマで、日本の地名にも詳しい今尾恵介氏は、著書『地名の謎』（ちくま文庫）のなかで「地名は、長い歴史をくぐりぬけてきた無形財産」だとし、安易に地名が改変される現状に警鐘を鳴らしている。さらに、氏は「地名は過去と現在を結ぶ糸」であるとも語っており、その言葉は、地名を手掛かりに原初的な地形を探求する可能性を示していると言えよう。

東京スリバチ学会が紹介している東京都心部の「山の手」もまた、地形的変化に恵まれた場所なので、自然地名も多い（多かった）。特に武蔵野台地の東端部にあたる、新宿区、文京区、港区そして千代田区には、台地を流れる大小の河川が形成した「谷」がたくさんあるため、それを反映した地名も豊富だ。渋谷、四ツ谷、市ヶ谷、千駄ヶ谷、雑司ヶ谷を筆頭に、茗荷谷、谷中などの地名が挙げられよう。かつては麻布谷町や市谷谷町などのように、谷町と付く地名も多く存在していた。

東京スリバチ学会では、谷や窪地の存在を匂わす地名を「スリバチ・コード」と称し、地形探索の手掛かりとしている。今回は、そんなスリバチ・コードをふたつほど紹介したい。

大久保

まずは新宿区の「大久保」を取り上げてみたい。

大久保の地名の由来は諸説ある。ひとつは、小田原北条時代の家来大久保氏の領する一帯を示していたとするものだ。しかしここでは、もうひとつの興味深い説に触れたいと思う。

それは、大きく窪んだ場所を指す「大窪《かこく》」から転化したとする説だ。次ページの鳥瞰図を見ていただくと一目瞭然だが、他の河谷とは明らかにスケールと形状の異なる、広い底

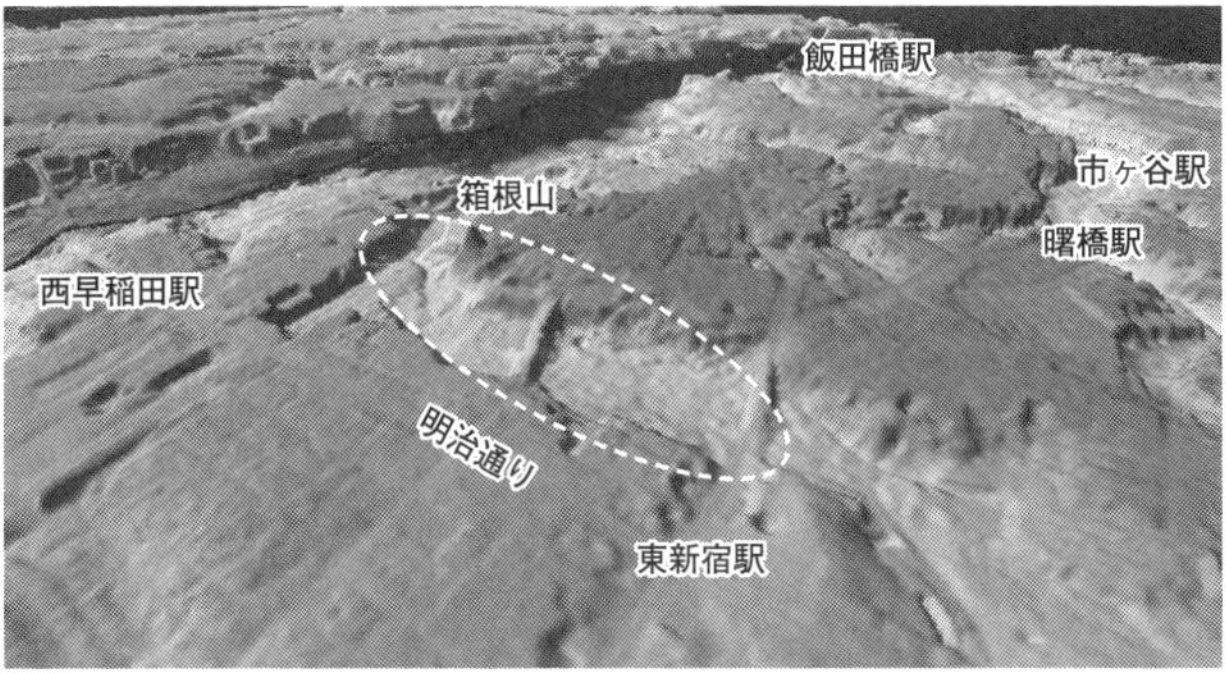

狭隘《きょうあい》な河谷が多い武蔵野台地において、大久保のように、谷底が広大な窪地は稀有である

面を持つ谷が横たわっている。

この広大な窪地を作ったのは、蟹川《かにかわ》（金川・可仁川とも書く）と呼ばれた神田川の一支流。その水源は西武新宿駅を西へ、越えた付近、かつては「雷《かみなり》が窪《くぼ》」と呼ばれた窪地にあったとされる。歌舞伎町にはかつての流路と思われる湾曲した道が残っているが、江戸時代には、歌舞伎町の北東あたりから、新宿文化センター周辺も大久保村に属していたことから、地形に由来する「大窪説」には真実味がある。

現在、この広大な窪地には、外山ハイツと呼ばれる大規模団地が建っているが、かつては尾張徳川家の下屋敷があった場所である。「戸山荘」と呼ばれた池泉《ちせん》回遊式の大名庭園があり、蟹川の水が神田川沖積地に出るところで堰き止められて、長さ６５０ｍ

にも及ぶ大きな池が設けられた。人工池のまわりには町屋や商家が並び、小田原の外郎《ういろう》屋を模した古駅楼《こえきろう》のほか、渡し舟、茶屋、本陣までもが揃った、江戸にいながらにして東海道の旅が味わえる一大テーマパークであった。ちなみに、かつては玉円峰《ぎょくえんぽう》とも丸《まる》ヶ《が》嶽《たけ》とも呼ばれていた東京23区最高峰の箱根山（標高44・6m）は、元々はこの庭園に造られた人工の山である。

広大な窪地は現在、大久保通りの土手が谷の出口を跨いでいるため、四方を囲まれた正真正銘のスリバチ地形となっている。ただ単に広大なだけではなく、パーフェクトな一級スリバチであり、まさにグランドスリバチ＝「大窪」の名に相応しい場所と言えよう。

台地の上から大久保の窪地を眺める。遠くに見える高層の建物は対岸の台地に建つ

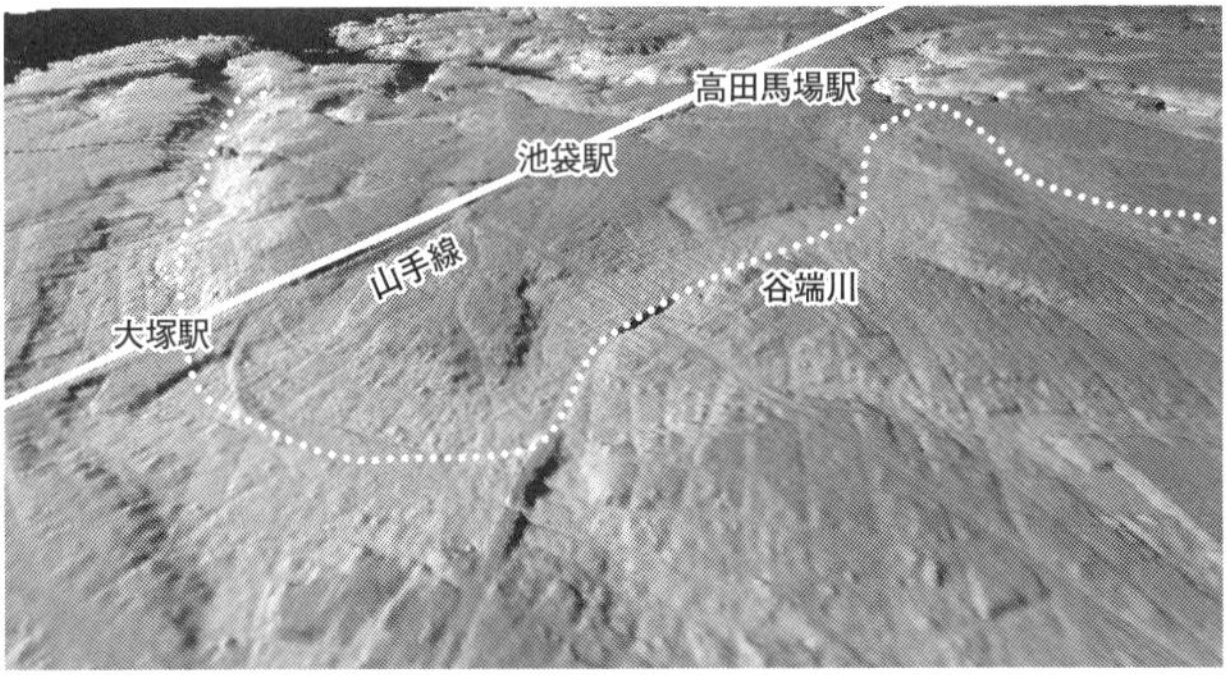

池袋とは「池のような湿地帯が袋のように囲む場所」という解釈がしっくりくるように思われる

池袋

次に、水に関係する地名として「池袋」を取り上げたい。

池袋という地名の由来も、複数存在する。そのひとつが、「多くの水源があった場所を意味する」という説だ。池袋駅西口のホテルメトロポリタン前に「いけふくろう」のモニュメントが設置された小さな公園があるが、周辺よりも僅かばかり窪んでいるのが現地に行くと分かる。この辺りは「池谷戸《いけやと》」とも呼ばれ、丸池と呼ばれる清水の湧き出る池があったとされる。ここから流れ出た水が弦巻川の水源となり、雑司ヶ谷の谷を経て、音羽谷《おとわだに》へと流れていた。ほかにも池袋駅周辺には水が湧いていたと思われる地点が数カ所存在し、確かに水源が多い土地なのだ。

また別の説に、「雨が降ると遊水池のように水が溜まる場所」、すなわち袋のように水を溜める土地を指すというものがある。

では、遊水池にも成り得る巨大な谷とは何処を指すのか？　鳥瞰図で地形を眺めてみると、池袋の繁華街を迂回するように流れる谷端川《やばたがわ》の広大な河谷が目にとまる。現在は暗渠《あんきょ》化されているが、確かに緩やかで広い氾濫原を持つ河谷は、出水《しゅっすい》の際の遊水池の役割を果たしていたのかもしれない。

大きく蛇行する谷端川は、池袋を過ぎてからは南東に流れを変え、大塚を経由し小石川植物園の崖下を流れていた。小石川や千川とも呼ばれていた神田川の支流のひとつである。


さらに、「袋」という字に着目した説もある。もともと袋と付く地名には、川の蛇行によって袋状に囲まれた土地という意味がある。だとすれば、池袋とは「池のような湿地帯が袋状に囲む台地」という解釈が成り立つ。鳥瞰図からもその地形的特徴は読み取れる。

「池袋」という地名が最初に登場した文書は、『御府内備考《ごふないびこう》』の附図《ふず》（江戸時代に幕府の昌《しょう》平坂《へいざか》学問所で編纂されたもの）である。それによると、非常に広い範囲を池袋村と呼んでいたようで、東は巣鴨村、北は滝野川村、西は長崎村、そして南は雑司ヶ谷村と高田村に接するエリア全般の呼称であった。古くからひらけた周辺の村々に比べても、今の池袋駅

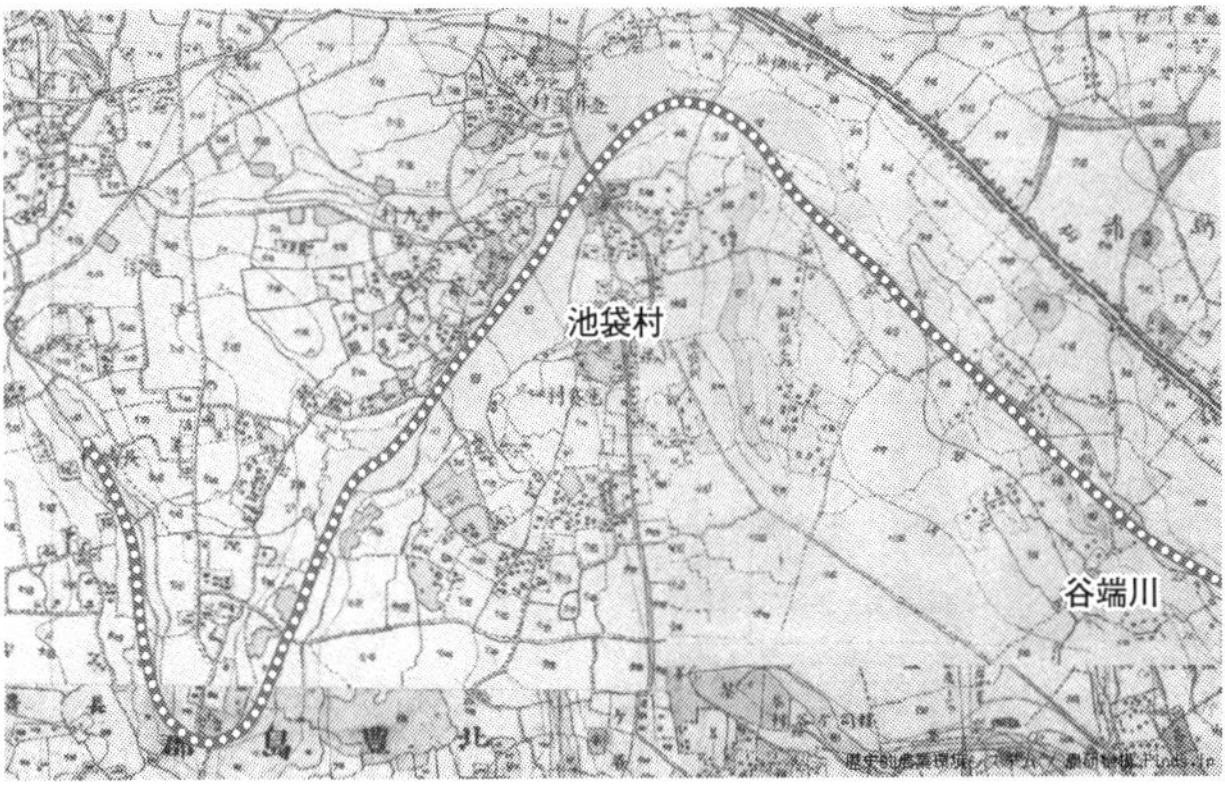

明治中期の池袋村の様子（迅速測図より）

周辺は畑地が広がる寒村だったと思われる。すなわち、水が得られる肥沃で生産性の高い谷地で発展していた村々とは対照的に、開発から取り残された高燥の台地だったと想像できるのだ。

地名に隠された由来を追い求めるだけでも、謎解きの悦楽《えつらく》に浸れる。ダン・ブラウンの推理小説『ダ・ヴィンチ・コード』のようなミステリーに満ちた都市、それも東京の一面に違いない。

エピソード5

整形されたスリバチ

——弥生2丁目、大森テニスクラブ、高輪4丁目

皆川典久

東京には、きれいに形を整えられた「人工スリバチ」が存在する。

都内の谷や窪地を実際に歩き、そして歴史を調べてみて分かったことだが、人の手が加えられた谷地形がいくつも発見できるのだ。これらの多くは、自然の谷地形を利用したものだが、どのように整形されたのか、歴史的にも風景的にも興味深い。今回は、そんな整形された人工スリバチについて取り上げよう。

まず紹介したいのは、都内に点在する長方形の人工スリバチである。

これらの多くは、戦前や戦時中に射的場として造成された窪地だ。当時の東京は軍都の一面も持っていたが、同時に人の暮らす町である以上、周辺住民への配慮が必要という事情があった。周囲を崖で囲まれた窪地は、騒音と流れ弾を防ぐという意味で都合がよかったのである。

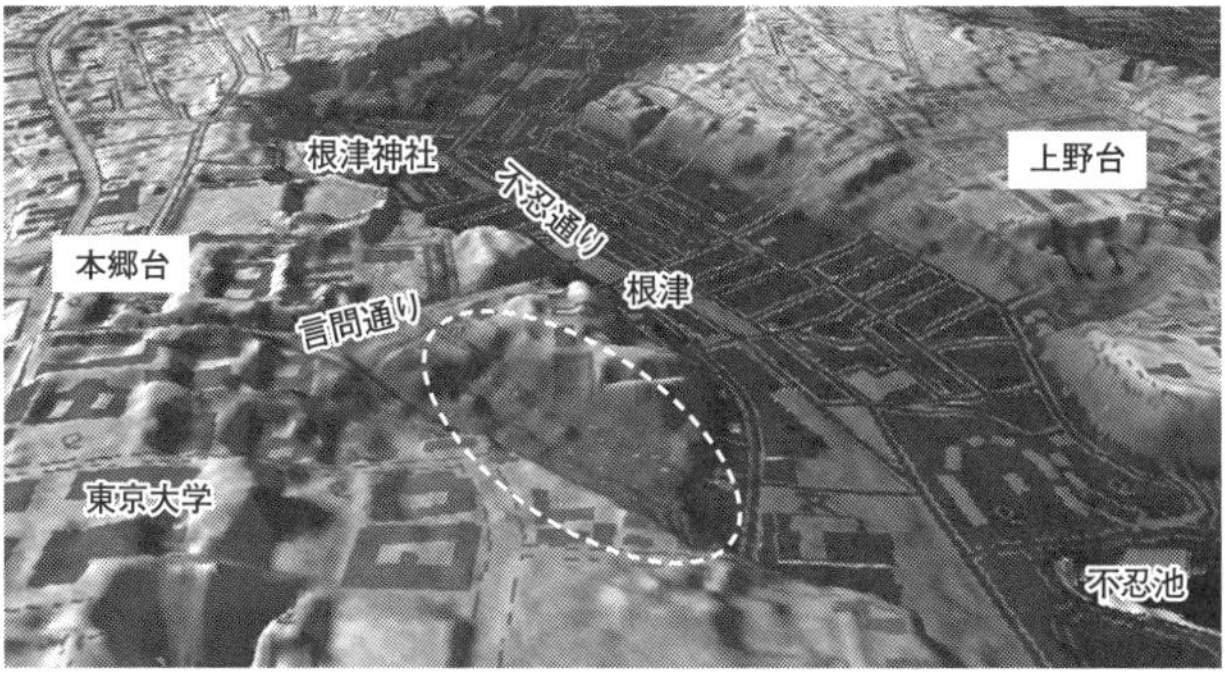

東京共同射的会社の射的場だった窪地。現在は住宅地になっている（文京区弥生2丁目）

弥生のスリバチ（文京区弥生2丁目）

　その人工的形状が現在でも分かりやすく残っているのが、言問通《ことといどお》りの南側、暗闇坂《くらやみざか》を下ったところにある長方形の窪地である。住居表示では文京区弥生《やよい》2丁目、この窪地の北にある高台で出土した土器が「弥生式土器」と名付けられ、「弥生時代」の名前の由来となった場所として知られる。

　この長方形の窪地は元々水戸藩の中屋敷があった場所で、江戸時代は、自然の谷地形を活かした大名庭園があったと思われる。

　明治の世に変わってから、大規模に造成され、今のように整形の窪地になったのだろう。スリバチ状の射的場は、最後の内戦となった西南戦争に派遣された警視局（現警視庁）が狙撃演習に使ったのだという。

大森テニスクラブの窪地は一級スリバチでもある（大田区山王2丁目）

内戦が収束してからは、宮内省管轄の射的場を経て、東京共同射的会社のものとなった。そして周辺が市街化されてきたのに伴い、射的場は1888年に山王へと移転した。

軍都の遺構である長方形のスリバチは現在、三方向を丘で囲まれた静かな住宅地となっている。

山王のスリバチ（大田区山王2丁目）

それでは次に、弥生の射的場の移転先となった山王の人工スリバチを眺めてみたい。

大森射的場は日本が西欧の列強国と肩を並べるべく、強力に軍国化を推し進めていた時期にあたる、1889年から1937年頃まで使用されていた。しかし、弥生のスリバチと同様に周辺の宅地開発に伴い射的場は廃止され、その後はテニスクラブの草

直線状の崖で囲まれた大森テニスコート

分け的存在である大森テニスクラブに利用されることとなった。

流れ弾を防いでいた崖は、テニスコートの喧騒が周辺の閑静な住宅地に及ぶのを防ぐのに役立っている。この窪地は四方向を囲まれた貴重な一級スリバチ地形となっているが、もともとは、ジャーマン通りへと至る、天然の谷の先頭部分だったと思われる。実際に現地を歩いてみると、湾曲した細い路地が高級住宅地の中にひっそりと残されており、その暗渠路が大森テニスコートのスリバチに繋がっているからだ。

なおエピソード4で取り上げた、新宿区大久保の広大なスリバチの一角にも射的場があった。

当初は谷地形を整形した近衛《このえ》騎兵連隊の小規模な射的場だったが、1874年に台地の上の、戸山ヶ原《とやまがはら》と呼ばれた山林を切り開いて拡張された。これが陸軍戸山ヶ原射的場で、当時は東洋一と称された巨大な射的場だった。ただし、こちらは窪地ではなくて丘の上だったため、流れ弾による危険防止と騒音防止のためにカマボコ型のコンクリート構造物で覆われていた。この場所は現在、早稲田大学の理工学部キャンパスになっている。

そのほかにも、青山霊園の東側に射的場として整形された窪地が隠れていたり、横浜市鶴見区總持寺《そうじじ》の裏には鶴見猟友会の射的場だったスリバチが残されていたりする。昭和の初期まではこれらの場所で射的大会も数多く行われていたというが、現在は窪地の中に住宅が連なり、往時を偲べるのは地形だけとなってしまった。土地の上物《うわもの》は変わろうとも、地形は継承されるものなのだ。

八ツ山のスリバチ（港区高輪4丁目）

最後に紹介する人工スリバチは、同じ戦争遺産ではあるが、特異な変遷をたどったスリバチだ。時は幕末、「御台場《おだいば》」築造によって生まれた人工スリバチである。

東京湾に浮かぶお台場は、今や商業施設やビーチもある東京観光の名所のひとつとなっている。しかし元々の御台場とは、諸外国からやってくる軍艦を迎え撃つ、大砲の台座を据える目的で築造された人工島のことである。幕末にアメリカ海軍のペリー提督が艦隊（黒船）を率いて日本へやってきたとき、江戸幕府が巨額の財を投じて建設した。当初11基の人工島を築く予定であったが、幕府の財政窮乏のため、完成したのは5基だけであった。

御台場造営には多大な建設資材、つまり石材や土が必要だったのだが、これらは何処から運ばれたものなのか。残された史料によれば、石材は伊豆半島から、そして土砂は御殿《ごてん》山《やま》や八《や》ツ山《やま》、そして泉岳寺《せんがくじ》中門外山《ちゅうもんそとやま》付近と記されている。相当な量の土砂が運び出されたわけで、その痕跡は今も地形図に残されているはずだ。

高輪の台地の南端に位置するのが御殿山、そしてその北が八ツ山と呼ばれた台地であるが、鳥瞰図からひと目で分かるほど、あまりにも不自然に整形が施され、斜面が階段状になった窪地の存在が見て取れる。この窪地こそかつての土取場《どとりば》、品川沖に御台場を築くために山の土を削ってできた、人工スリバチなのである。

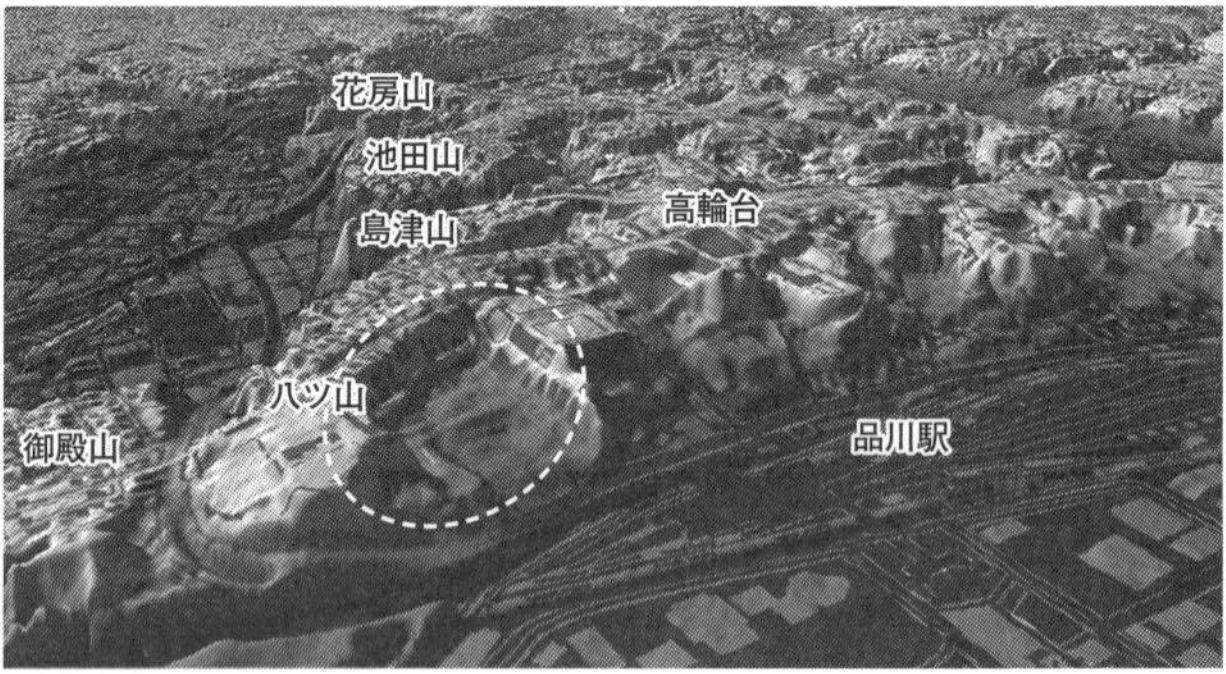

八ツ山の整形なスリバチ（港区高輪4丁目）

エピソード3で紹介したとおり、スリバチ地形の多くは川と関係が深いので、窪地巡りの途中、しばしば暗渠マニアと思われる徘徊者と遭遇するのだが、この窪地には川跡がなく、スリバチマニアが独占できる谷底だ。

八ツ山一帯は古くは谷村《やつむら》と呼ばれ、その名が八ツ山に転化したとする説がある。とすれば、何らかの谷筋が元々この丘に刻まれていたに違いない。江戸時代は今治藩《いまばり》の下屋敷だった場所なので、谷筋は大名庭園に利用されていた可能性もある。人工スリバチとはいえ、やはり自然の谷戸地形を整形したものだと考えられるが、その後の大規模な土地改変により、その痕跡を見い出すことはできない。

御台場築造のためのもうひとつの土取場が御殿山土取場であるが、こちらは現在、スリバチ状の斜面

八ツ山から整形スリバチを見下ろす。正面に立ち塞がるのは品川グランドコモンズと呼ばれる再開発地

がホテルラフォーレ東京の庭園に活かされている。

品川駅西口には高層ビルが連なり、背後に広がる高輪の丘の存在を忘れがちであるが、数奇な運命をたどったスリバチも都会の片隅に隠れていた。

人それぞれに物語があるように、スリバチにもその数だけドラマがある。

エピソード6

地形鉄のすすめ

——銀座線、丸ノ内線、山手線、東急東横線、東急大井町線

皆川典久

鉄道と地形の戯れは実に面白い。

日本の狭い国土に張り巡らされた鉄道網は、誰もが利用できる日常の「足」として、我々の暮らしを支えている。特に都心部では、地下鉄も含め、とてつもない緻密さで鉄道路線が網の目のように広がっている。これは、前世紀に築かれた貴重な社会資本であり、世界に誇るべき都市インフラだ。

東京都心部では、車を所有していなくとも、鉄道を使えばそう不便を感じずに移動できる。そして何よりもレールで繋がったシステムには、バスなどの道路を使った公共交通網に比べ、代えがたい安心感と安定感がある。自分は〝鉄ちゃん〟なので、かなり鉄道に贔屓目《ひいきめ》な賛辞となったが、鉄道網にはそれだけの普遍的な価値があると思っている。

さて今回は、私が「地形鉄」と呼んでいる、「鉄道を使った地形の愛で方」を紹介したい。

銀座線と丸ノ内線

まずは東京メトロの古参、銀座線と丸ノ内線を取り上げよう。このふたつの路線は、開削工法という地上から直接構造物を埋めていく工法で軌道が建設されたため、地下鉄といってもかなり浅い場所を走っている。だから、10～20m程度の起伏を持つ武蔵野台地の凹凸地形を車窓からも観察できたりする。

その象徴ともいえるのが、「ブラタモリ」ファンにはすっかり有名になった銀座線渋谷駅。渋谷駅のひとつ手前、表参道駅では地中に潜っていた軌道が、渋谷の谷に着くと地上三階部分に飛び出してしまうというものだ。このことが番組で取り上げられたため、東京都心部の台地に刻まれた谷の存在を多くの人が実感するようになった（と期待する）。

同様に、丸ノ内線では、四ツ谷、茗荷谷と、駅名に谷の名が付く場所で、地下鉄が地上（谷間）に顔を出す。地上駅である四ツ谷に到着した車内では、よく「何で？」という声が聞かれるが、「谷だからさ」とクールにつぶやきたくなる。

ちなみに開削工法だと、建設時に軌道の直上が工事中となるため、シールド工法と呼ばれるモグラのように地中を機械で掘り進む新技術が開発された。シールド工法によって、地

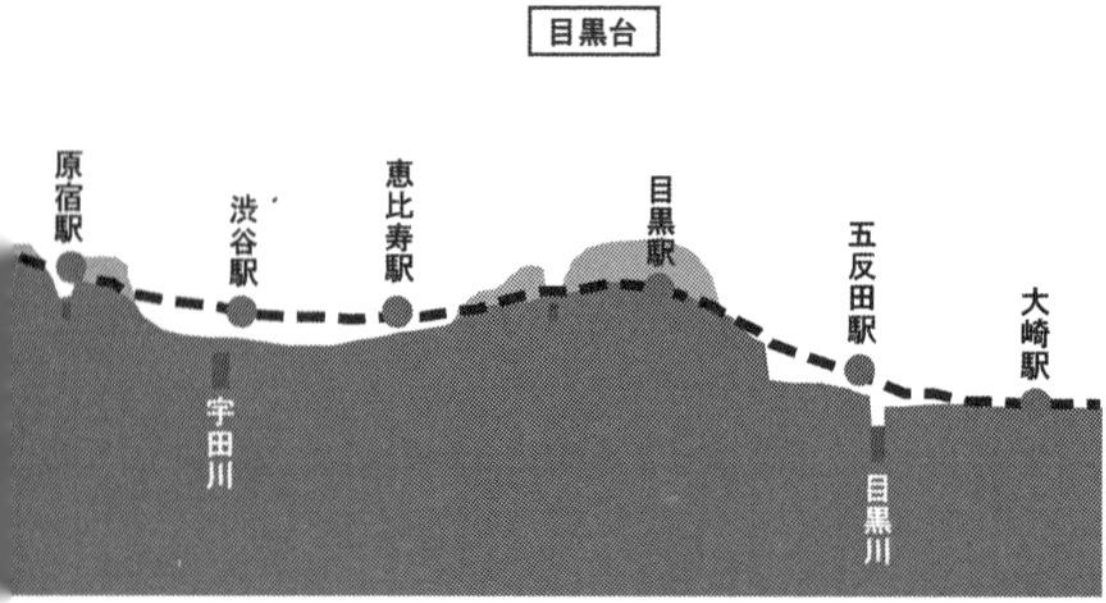

上の工事個所は大幅に削減され、さらに、地中の深いところにトンネルを構築できるようになったが、地形との関連性は希薄になってしまった。

山手線

次は、誰もが知る丸い緑の山手線だ。山手線が走る地形を大きく分けると、東側半分が沖積低地、西側半分が洪積台地となる。ここでは西側の洪積台地、すなわち武蔵野台地と軌道の関係を見てみよう。

武蔵野台地には西から東へと流れる河川の刻んだ谷（河谷《かこく》）が東西に連なっている。上図のように田端～大崎間は、河谷と台地を縦断するため、土地の起伏が視覚化されている。武蔵野台地の凹凸は急激すぎるため、その起伏に線路が対応できずに、谷を削った切通しや土手、高架橋などで地形との摺り合わせが施されているのだ。したがって山手線の車窓風景からは自分のい

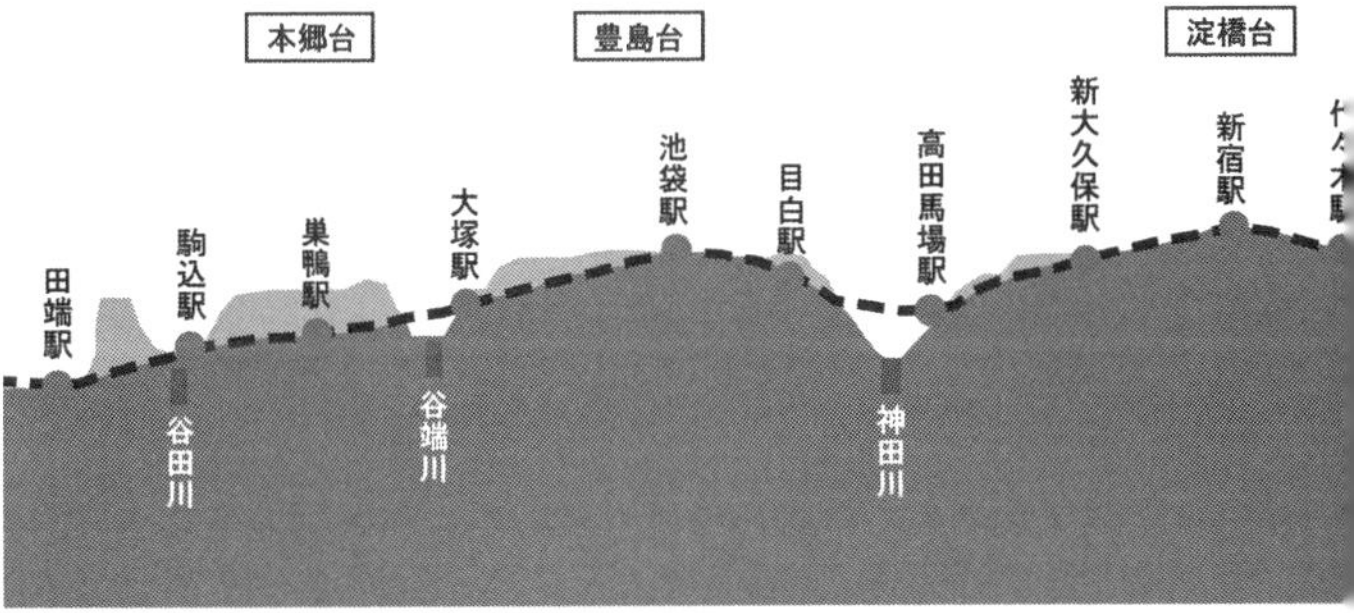

山手線・田端～大崎駅間の断面図

る場所が、台地なのか谷間なのか相対的に把握できる。駅が土手の上や高架にあり、今いる場所が谷地形なのだと確認できるのは、例えば、駒込駅（谷田川《やたがわ》）、大塚駅（谷端川《やばたがわ》）、高田馬場駅（神田川）、代々木駅（渋谷川原宿村分水）、原宿駅（渋谷川支流）、渋谷駅（宇田川）、恵比寿駅（渋谷川）、五反田駅（目黒川）などだ。

一方、台地にあるのは田端駅、巣鴨駅、池袋駅、目白駅、新宿駅、目黒駅などで、かつては街道の宿場町として栄えていた場所が多い。中山道（巣鴨駅）、甲州街道（新宿駅）など、江戸の主要道は尾根筋を巧みに辿っているものが多かったことにも関連している。

東急東横線

武蔵野台地を郊外へと走る私鉄にも注目したい。まずは東急東横線の渋谷〜多摩川駅間。渋谷駅から多摩川を渡るまでに淀橋台、目黒台、荏原台、久が原台、田園調布台と、河谷で分断された丘形状の台地を貫くように走るため、車窓からは変化に富む地形を十分に堪能できる。路線と地形の関係は、断面図を見ていただければ一目瞭然なので、ここでは駅名に着目しておきたい。

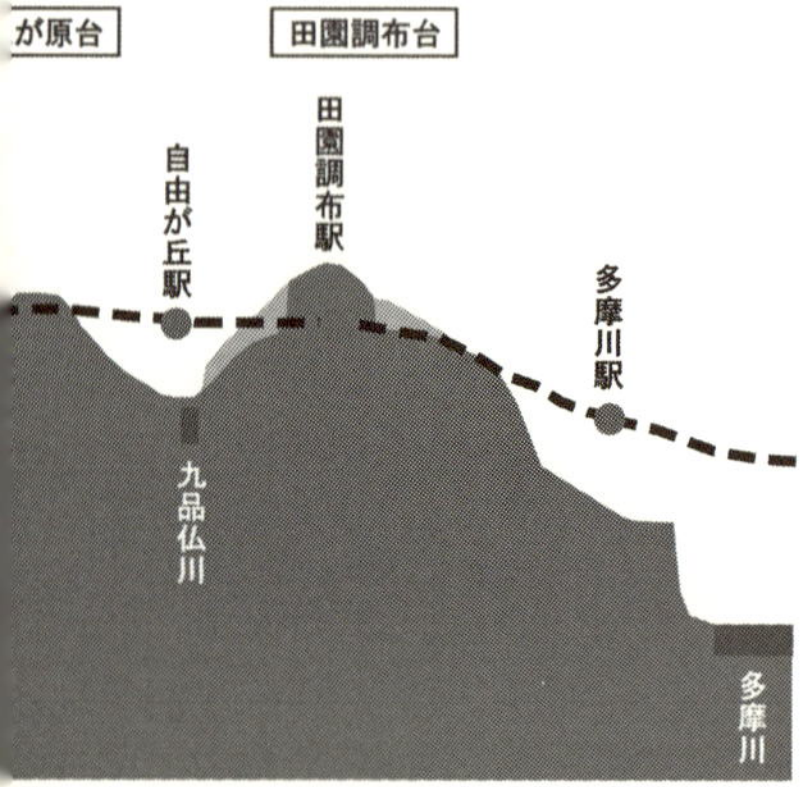

台地の駅に該当するのは、代官山、祐天寺、学芸大学、そして田園調布だ。学芸大学駅はかつて碑文谷《ひもんや》駅という名称だった。目黒台と荏原台のちょうど境界に、立会川《たちあいかわ》によって作られたなだらかな傾斜があり、そこに広がる住宅地が碑文谷だ。丘の上にある、ごく浅い窪みにできた町こそが碑文谷で、台地上の高い位置にありながら、駅名に「谷」が入っていたのはそういう理由なのだ。台地の起伏も比較的小さいため、

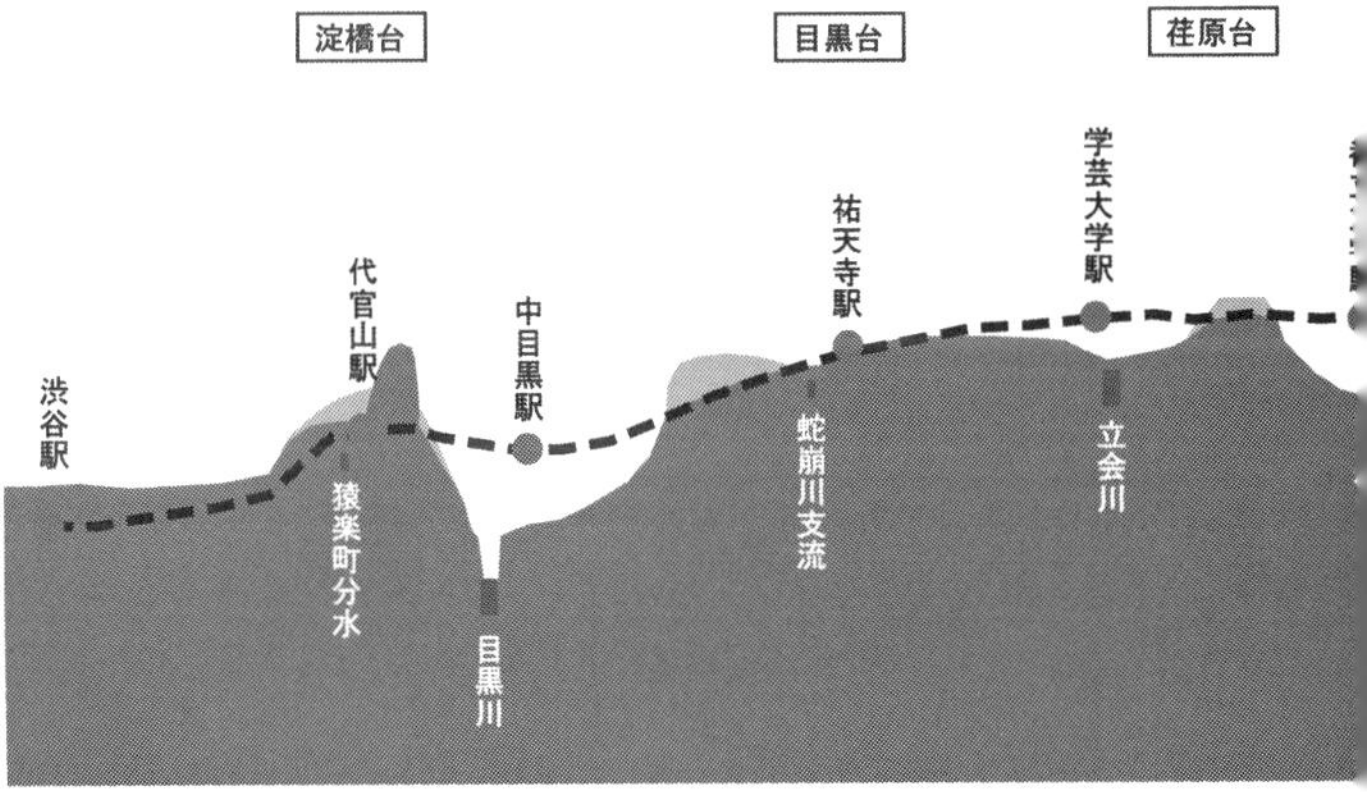

東急東横線・渋谷～多摩川駅間の断面図

近くには「小山」と控えめな名の付く町（武蔵小山）もある。

一方、谷間の駅としては、中目黒、都立大学、自由が丘が挙げられる。自由が丘はその名に「丘」が付くが、九品仏《くほんぶつ》川の沖積地で谷間の町である。駅の南側にある九品仏川緑道（佐山緑道）は、川跡を遊歩道として整備したものだ。自由が丘駅は東横線開業当時、九品仏駅という名称だったが、後からできた東急大井町線に最寄駅ができたため、その名を献上し、住民投票で現在の駅名・自由が丘に決まったのだという。丘の上にある自由ヶ丘学園に因んでのことらしい。

東急東横線の駅名は、地形とは逆の名前を付けられたりで、注意が必要だ。

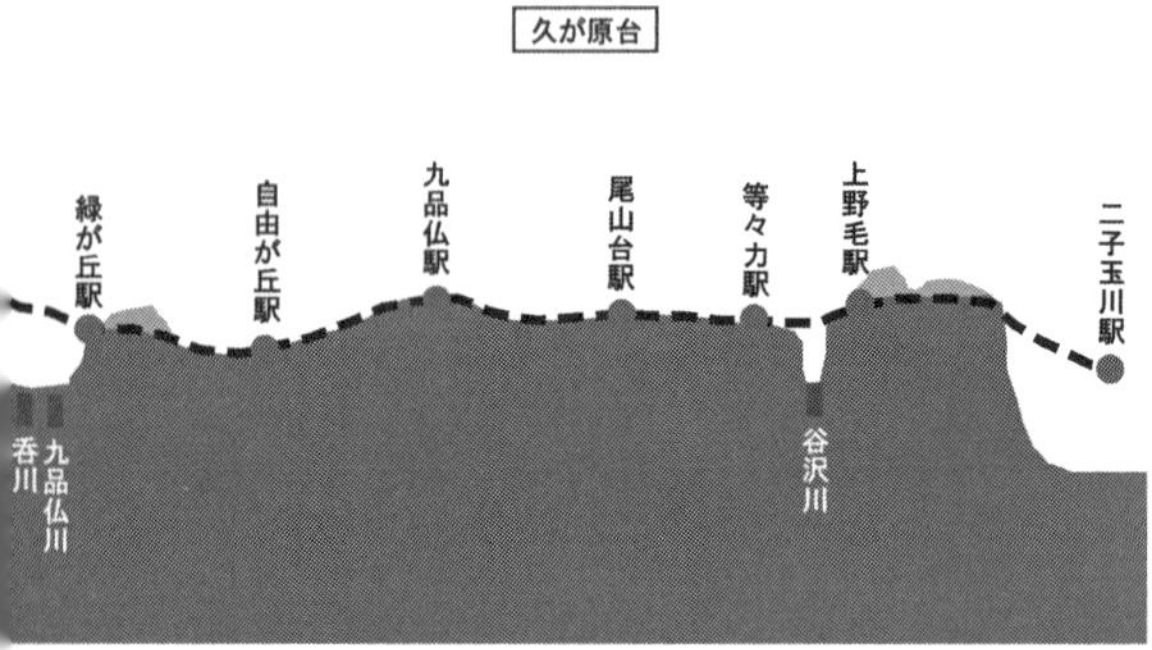

東急大井町線

もうひとつのおすすめ路線は、九品仏駅の名を東横線からもらった東急大井町線だ。大井町から二子玉川までの短い旅でも、車窓から地形の凹凸を見て取れるし、典型的な私鉄沿線ののどかな町の風景もうれしい。さらに、多くの谷間の駅で谷歩きや暗渠めぐりが楽しめる。

例えば下神明駅で下車すれば、戸越公園から流れ出た川の谷間に小さな飲食街が続いているのが分かるし、荏原町駅で降りれば、立会川沖積地に延々と続くローカル商店街をぶらぶらと歩きたくなる。緑が丘駅は、自由が丘と同様、その名に反して、九品仏川のかつての流路に沿って賑わう谷町だ。

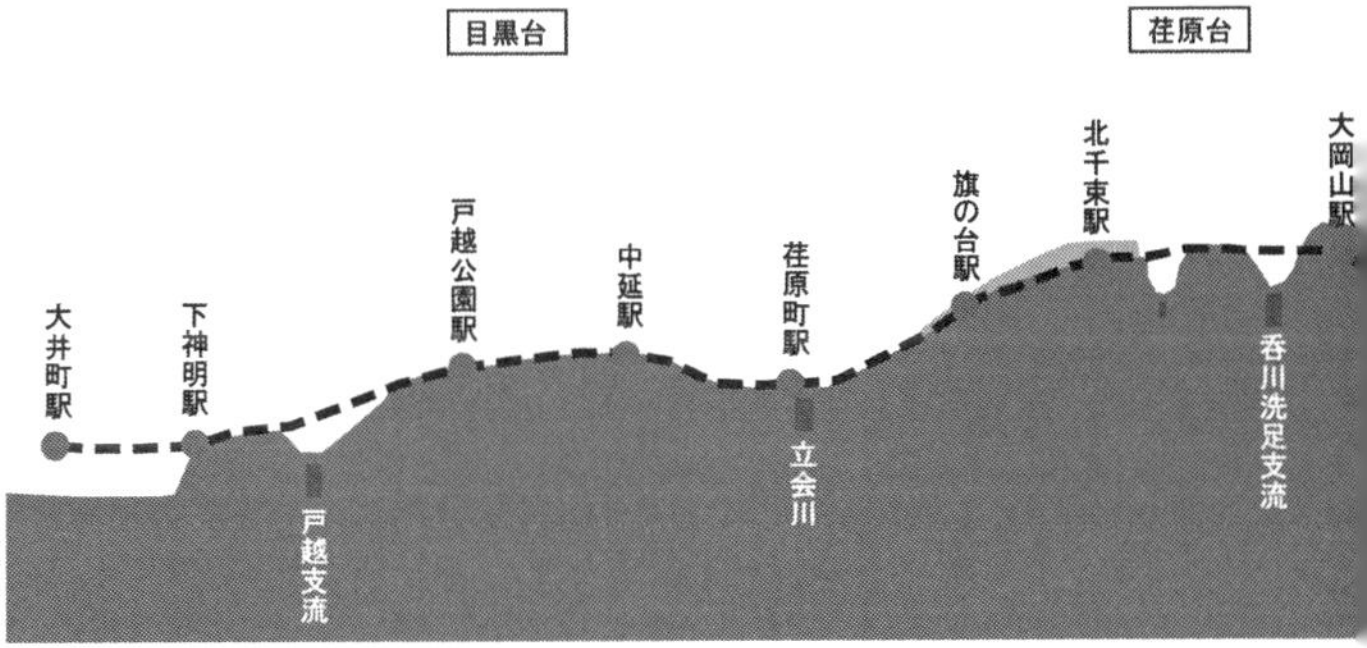

東急大井町線・大井町〜二子玉川駅間の断面図

しかし地形マニアなら等々力駅で降りないわけにはいくまい。なぜなら、等々力渓谷と呼ばれる景勝地の最寄駅だからだ。

等々力渓谷は、河川争奪という地形のドラマが生み出した、深く細長い侵食谷である。武蔵野台地の南端を、谷沢川《やざわ》が下方侵食によって深く削り取った特異な地形なのである。その形成過程とはどのようなものだったのか。

地形が主役のドラマは、次章で詳しく紹介しよう。山あり谷あり、橋ありトンネルありの鉄道の旅を楽しめる、東京とはそんな世界一贅沢な都会なのかもしれない。

エピソード7

肉食系スリバチとは

——等々力渓谷、音無渓谷（王子駅）、東武練馬駅

皆川典久

谷や窪地は、自然の営みが作り上げたものだが、まるで生き物のように成長するスリバチも存在する。とくに、地面を侵食してスリバチを成長させる流水の働きには、意志すら感じる時がある。今回は、スリバチが生き物のようにふるまうことで生まれる、地形が主役のドラマを紹介したい。

等々力渓谷

まずは、エピソード6でご紹介した等々力《とどろき》渓谷。

武蔵野台地は、国分寺崖線と呼ばれる段丘崖《だんきゅうがい》で唐突に終わる。崖下に広がるのは多摩川の沖積低地だが、崖線には、侵食による幾筋もの多様な河谷が刻まれている。その代表が等々力渓谷である。

鳥瞰図からも、等々力渓谷が突出して深い侵食谷であることが分かる。何万年か昔の河

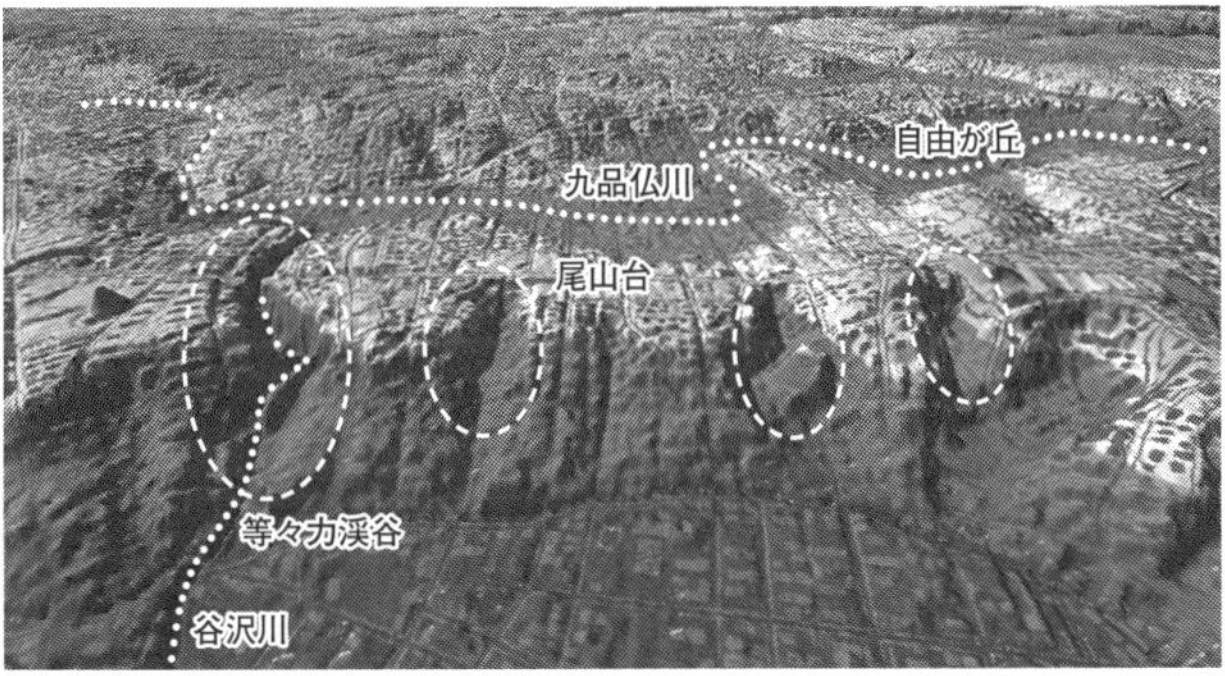

等々力渓谷の他にも、多くの河谷が九品仏川の流れを「奪う」チャンスを待っているかのように見える

川争奪（ふたつの川が侵食によって繋がり、一方の川の流れを奪う地理的現象）の結果、誕生した地形である。

等々力渓谷を流れる谷沢《やざわ》川は元々、段丘崖から湧き出た水が多摩川へと流れ落ちる短い河川に過ぎなかった。しかし、その流れを上流側へと徐々に伸ばし（谷頭侵食）、やがては九品仏川《くほんぶつがわ》にまで到達してしまった。すると、流量の多い九品仏川の水は、高低差が大きく急流である谷沢川へと流れ込み、九品仏川上流は谷沢川に奪われる格好となった。等々力渓谷は河川争奪の典型的な事例なのだ。

九品仏川の水を奪って水量を増した谷沢川は、それまでも少しずつ削ってきた段丘崖をさらに激しく下方へ侵食するようになり、現在見られるような深い渓谷状の谷を形成した。貝塚爽平氏は『東京の自然史』の中で、「九品仏川の上流を『斬首』した川は、水量をにわかに増して下刻たくましくし、等々力渓谷を作った」と自然の営みを勇ましく表現している。

上流部を失い水量の減った九品仏川はやがて衰退し、流域の雨水を集めるだけの細流《さいりゅう》となった。現在はそのほとんどが暗渠化されている。九品仏川の流路にあたる緩やかな窪地は、地理用語「化石谷《かせきこく》」とも呼ばれる。

次に、等々力渓谷から東側へと視点を移し、狭い谷と岬状の丘が交互に連なる、特徴的な地形に着目してみたい。段丘崖を刻むそれぞれの谷は、丘の上を悠々と流れる九品仏川を奪おうとしているように見えまいか。いわば「肉食系スリバチ」だ。遠い昔、谷沢川が九品仏川の流れを奪ったように、アグレッシヴな自然の営みが独特の凹凸地形に垣間見られて興味深い。

では実際に、等々力渓谷を歩いてみよう。

東急大井町線の等々力駅を下車し、台地の裂け目を思わせる断崖に設けられた急な階段を下ると、緑に包まれた深淵なる渓谷が待っている。

ここからは渓谷に沿って遊歩道が整備されており、せせらぎを間近に眺めながら下流へと散策できる。遊歩道入口の赤い橋は「ゴルフ橋」と呼ばれている。昭和初期、この付近にあったゴルフ場へ向かう人のために造られた橋なのでその名が付いた。

ところどころで、崖線から湧き出た清水が遊歩道を横切って谷沢川へ注いでいる。環状8号線の下をくぐり、さらに南下すると斜面地を整備した等々力渓谷公園が広がる。この辺りには横穴《よこあな》古墳や稚児大師堂《ちごたいしどう》などがあり、見どころも多い。

さらに行くと、川沿いに建つ宝珠閣《ほうじゅかく》と崖下の「不動の滝」が見えてくる。等々力の地名は、渓谷に轟く滝の音が由来となったものだ。流れ落ちる水の量もなかなかのものがある。役行者《えんのぎょうじゃ》ゆかりのパワースポットでもあり、不動の滝の脇の階段を上がると、崖上《がけうえ》には等々力不動が祀られている。平安時代に不動明王像を安置したことに始まる古刹《こさつ》で、霊場《れいじょう》として今でも行者が絶えない。境内には渓谷を見渡す展望台も設けられている。

都内にいることを忘れてしまいそうな、森閑な雰囲気満点の等々力渓谷

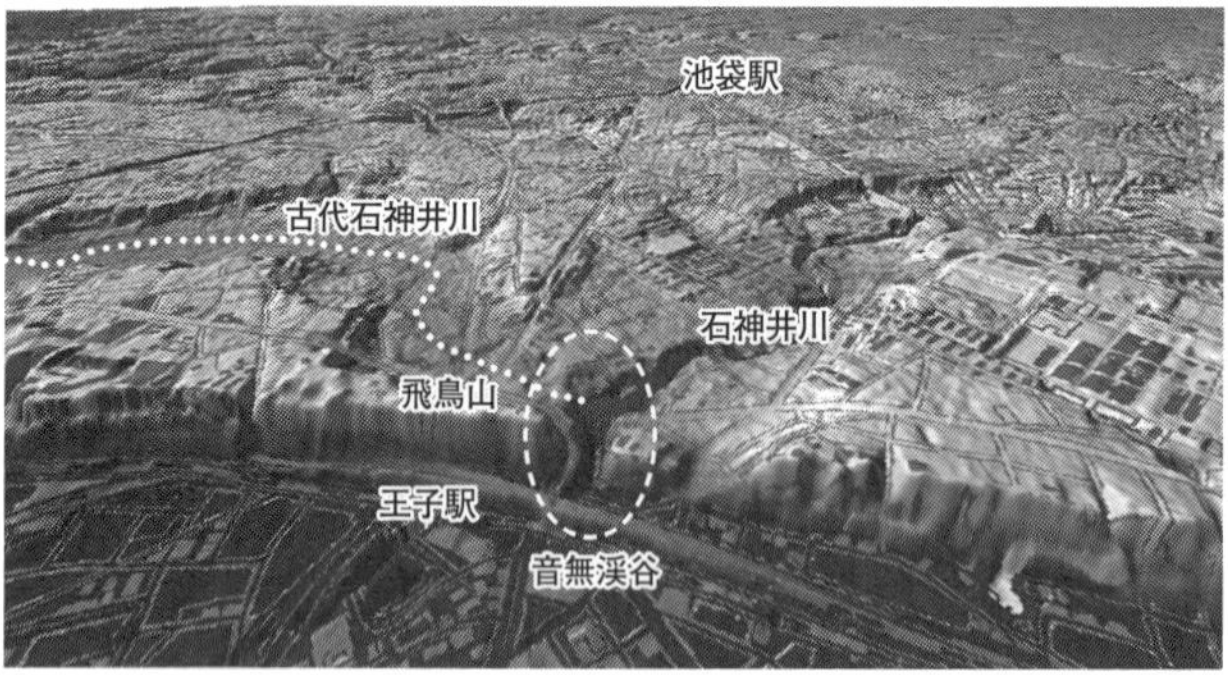

石神井川が痩せ尾根を突き破っている箇所が音無渓谷

音無渓谷

等々力渓谷という武蔵野台地南端の名所に対峙するように、台地の東端には「音無《おとなし》渓谷」と呼ばれる江戸時代からの景勝地がある。この渓谷で分断された南側の台地は飛鳥山と呼ばれ、北側の台地には王子神社が祀られる。両側が急な斜面になった痩せ尾根状の台地を分断し、優美な渓谷を造った川は、音無川（石神井《しゃくじい》川）と呼ばれる。その名は紀伊家から出た八代将軍吉宗が、故郷熊野川上流の音無川に見立てて改称したもので、崖上の王子神社（＝熊野神社）に因《ちな》んでの命名だと言われる。一方の飛鳥山という名も、飛鳥神社（紀伊新宮の飛鳥明神の分霊を祀った社）が、この地にあったことに由来する。

「等々力（＝轟）」と「音無」という極めて対照的な

名を持つふたつの渓谷は、どちらも急に流れを変えた川の侵食によってできたものに違いないが、音無渓谷の方は、自然の営みなのか人為的なものなのか記録がないため、成り立ちの定説はない。

このミステリアスな渓谷を作った石神井川（音無川）は、中央線武蔵小金井駅北にある小金井カントリー倶楽部敷地内の湧水や、小平市の鈴木小学校内で発掘された鈴木遺跡周辺が源流ともされている。石神井川は武蔵関公園の富士見池を経て、三宝寺池や石神井池の水を合わせて東向きに流れ、飛鳥山へと至る。ちなみに石神井川は荒川低地へと滝のように流れ落ちていたため、滝野川との別称も持つ。

かつての石神井川は、飛鳥山の下で流れる方向を南へ変え、現在の谷田川《やたがわ》（根津、千駄木辺りで

北とぴあの展望台から分断された痩せ尾根を見る

は藍染川とも呼ばれる)の川筋を南下し、不忍池に水を溜め、神田付近の於玉ヶ池を経由して、東京湾に注いでいたとされている。

その後、現在のように流路がショートカットされて、荒川に注ぐようになった。その理由には、ふたつの説がある。

まずは、自然の仕業とする考え方（自然開析説）だ。北区史では、6000年前をピークとした海面上昇「縄文海進（有楽町海進）」の最盛期頃、台地の崖際《ぎわ》が急速に後退した結果、石神井川が台地の最も細る王子付近で崖端《がけばた》侵食を引き起こし、河川争奪によって流路を変えたと説明している。『江戸・東京地形学散歩』（松田磐余著／之潮）でも、この付近の等高線を分析すると、渓谷の手前を頂点に川の流れが分かれる「分水界《ぶんすいかい》」が読み取れることや、荒川低地側の河川が蛇行しているのは河川争奪の結果であることから、自然開析だと結論付けている。

一方、人為的なもの（人工開削説）だと唱えるのは、『江戸の川・東京の川』の著者鈴木理生氏。氏は著書の中で、流路変更の工事は豊島清光《としましきよみつ》によるものだと推論している。豊島清光とは中世の豪族で、源頼朝が敵の江戸重長《えどしげなが》を避けて敵前渡河《とか》を決行した際、その先導をつとめたことで知られている人物である。

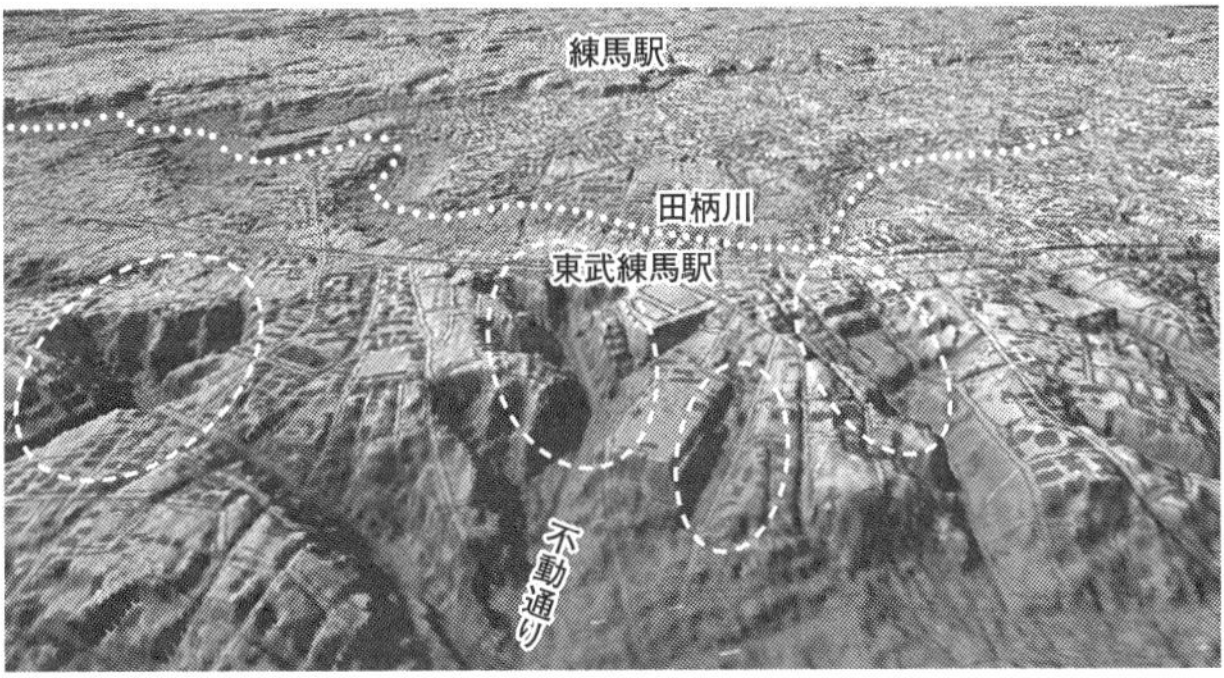

悠々と流れる田柄川の水を奪おうとする、攻撃的な谷がいくつも迫っているのが分かる

また、『賤民《せんみん》の場所 江戸の城と川』（河出文庫）を著し、水と地勢に着目して古代からの「江戸」の変遷を論じた塩見鮮一郎氏もこの人工開削説に賛同している。目的は当時の河口にあった江戸湊に石神井川の土砂が流れ込むのを防ぐとともに、荒川低地の灌漑用水としての役割を持たせるためだ、と流路変更の合理性を説明している。

東武練馬駅

このふたつの以外にも、実は河川争奪が起きそうな場所は、都内の各所に見られる。

例えば、上の鳥瞰図は東武東上線の東武練馬駅付近のものであるが、台地面をゆらゆらと流れる田柄《たがら》川《がわ》の流れを奪おうとする、深く険しい谷がいくつも迫っているのが見て取れる。この地形的構図は等々力渓谷や音無渓谷と類似しており、河川争奪が起きて渓谷が生まれてもおかしくないシチュエーションと言えよう。もしかしたら、東武練馬駅下の不動通りが深淵な渓谷になっていたかもしれないのだ。

時には地形に翻弄され、時には地形を活かすことで築かれた人の営みをこれまでいくつか紹介してきたが、大地そのものが主役のドラマだって、東京には数多く存在しているのだ。

エピソード8

地形が育むスリバチの法則とは？
——白金、麻布台

皆川典久

東京の町の発展には、ある法則性を見いだすことができる。

これまでは、微地形（地図上では判別しにくい小規模な地形）が育んだ興味深いエピソードを、スポット的に紹介してきた。対して今回は、より大局的な見方によって浮かび上がる、都市と地形との関係性、あるいは法則性とも呼べる現象を紹介したい。

まずは、上の写真をご覧いただきたい。

六本木通りの裏手にあるかつて丹波谷《たんばだに》と呼ばれた窪地を俯瞰したもので、この谷の下流側はかつて谷町《たにまち》と呼ばれていた。町名は失われて久しいが、「谷町ジャンクション」という名にその記憶を留めている。

ここで注目してほしいのは、地形の高低差を強調するように建物が建ち並んでいる様子である。すなわち、谷底の平坦部では主に木造の低層建物が軒を並べ、斜面地には中層の建物が階段状に連なり、丘の上では高層の建築物が高さを競い合うという都市景観を呈していることだ。土地の起伏を強調するかのように建物が立ち上がり、都市のスカイラインが土地の起伏を増幅している。このような現象は港区や新宿区など、都心部の様々な場所で観察でき、東京スリバチ学会ではこれを「スリバチの第一法則」と呼んでいる。

また住宅地でも、丘の上に中高層の「集合住宅」が建ち並び、低地では、低層の「住宅が集合」している場面をしばしば見かける（71ページの写真を参照）。

この現象も、「スリバチの第一法則」の延長線上にあり、地形に呼応した都市の成り立ちを想わせる光景と言えるだろう。

それでは、もうひとつの法則を紹介しよう。72ページの2枚の写真をご覧いただきたい。

先に紹介した「集合住宅」：「住宅集合」に類似しているが、注目してほしいのは道路が崖

丘の上の集合住宅と、谷底での住宅の集合

で行き止まりになっているところである。この路地を進んでもその上の丘には登ることができないのだ。

　これらの写真は港区白金、港区麻布台のものであるが、場所は違えども現出している光景に共通点が多いことに着目したい。どちらも、道は比高10mほどの断崖で行き止まりとなり、丘の上の大規模公共建築が、麓の低層高密度の住宅地を見下ろしているかのようである。

　この事例から分かることは、台地と低地は断崖で隔てられ、丘の上の町と谷の町は連続していないということだ。関東ローム層が作り出した断崖という地形的特色は、2つの世界が無関係に隣り合うような、独特な町の構

崖線で行き止まり（ドンツキ）となっている2つの事例

成を生む要因になっているのだ。地形の断崖がそのまま町の境界となり、町が不連続となる様相を、我々は「スリバチの第二法則」と呼んでいる。谷から丘へ登る道はごく限られているので、スリバチ探索中に谷間の迷宮に嵌《はま》り込み、出られなくなることを「スリバチに嵌る」とも言う。

　東京は、混沌としていて捉えどころのない町だとしばしば言われるのだが、先の第一法則を意識し観察すると、地形と都市の関係においては、規則性あるいは基本構造と呼べるものが確かに存在していることが分かる。

江戸の区画がそのまま現代に

それでは、地形の起伏に呼応する町の規則性とは、どのように生まれたのだろうか。現在、我々が目にしている東京の町と地形の関係性や法則は、江戸の町を下敷きとし、そこからの変遷を経て紡ぎ出されたものである。だからまずは江戸の町づくりまで遡ってみたい。

身分・階級による棲み分けが行われていた封建制度の江戸時代、山の手台地（洪積台地）は武士の生活空間（武家地）で、下町低地（沖積平野）は商人や職人の住む生活空間（町人地）であった。

山の手台地に割り当てられたのは、主に大名屋敷や武家屋敷。大名屋敷の中には、谷地形を取り込んで庭園の一部に活用したものもあった。幕藩体制が崩壊し明治の世になると、その跡地は近代国家の首都・東京に必要な都市機能を盛り込むための、格好の器となった。政府関係の機関や各国の大使館、そして学校や病院など大規模な施設が、広大な敷地に、再開発ではなく「置換」という形で次々と建設され、新時代への対応が円滑に成し遂げられた。大名屋敷跡というゆとりある敷地が確保されていたため、19世紀のヨーロッパの各都市が経験したような都市の大改造をすることもなく、敷地割りや道筋もそのままに、江

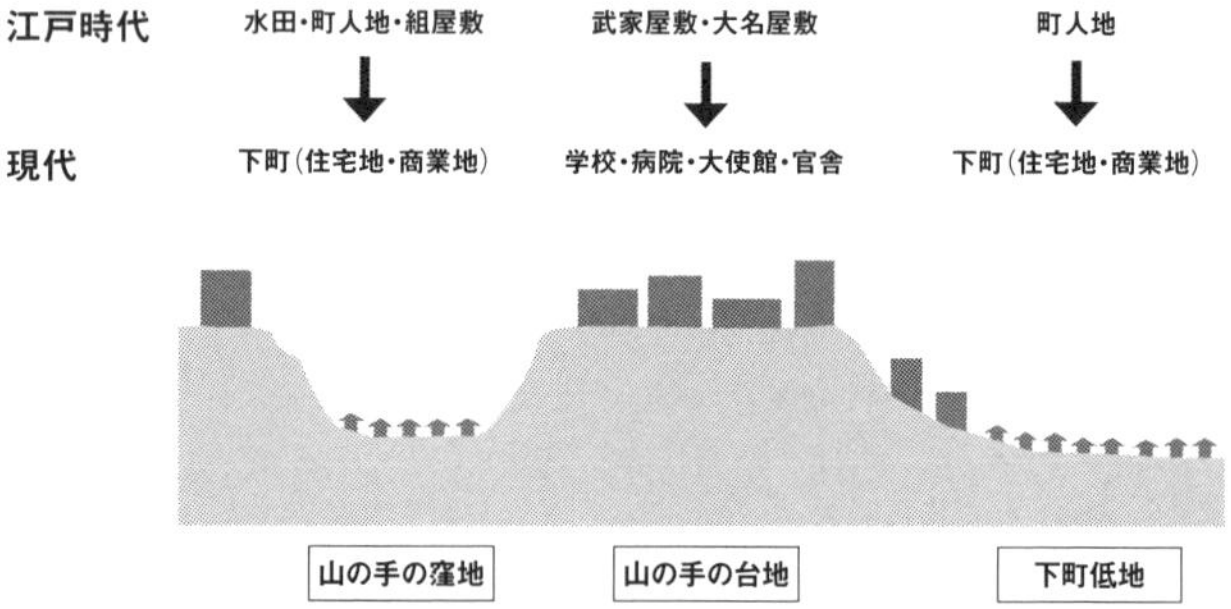

戸は明治へと継承されていったのだ。

一方、山の手の台地に刻まれた谷地や窪地は、その多くが沼沢地あるいは湿地であったため、江戸初期では主に水田に利用されていた。その後、都市の発展、特に「明暦《めいれき》の大火（1657年）」以降の江戸の拡大に伴い、谷地や窪地は組《くみ》屋敷（下級武士の屋敷）などに利用されていった。河川に沿った農耕地がスプロール化（無秩序な拡大）して町人地になった場所もあった。

ここで注目すべきは、江戸から東京へと続く町の開発の過程でも、土地の区画割はあまり変わらなかったという点だ。谷地や窪地も、山の手の台地と同様、敷地の範囲内で建物が入れ替わっていったのである。つまり、多少の例外はあるにせよ、江戸時代から今日まで、東京の台地と谷地は、交互に混じり合うことなく、その土地なりの区割りのスケールに沿って、新陳代謝を繰り返してきたのだ。

台地上では大きな面積の区画割に応じて、時を経るにしたがい建物が高層化されていき、一方、谷地では、小区画のまま小規模建物が建て替えられていくという対照的な現象（スリバチの第一法則）は、都市の発展の「方向性」を示しているとも言える。

スリバチの第二法則とは、町の棲み分けがローム層台地の地形的特質とパラレルで、江戸・東京は崖によって分断された不連続な町が同居する都市構造を言い表したものにほかならない。あるいは二面性を持つ都市の「事情」を指す。

台地と谷地を横断的に、交互に歩くと、それぞれの地形に応じた別世界が待っていて、短時間でも町の様相と空気感がドラマチックに入れ替わり、多くの町を旅したような気分に浸れる。東京スリバチ学会のフィールドワークでは、坂や階段を必要以上に上り下りし、都内での「旅」を楽しんでいる。谷だけが世界のすべてではないように、丘にだって際《きわ》があり、やがては終わりが訪れる。丘と谷、それは光と影のような間柄で、どちらか片方では存在しえない。

エピソード9

公園系スリバチを世界遺産に！

皆川典久

前章では、スリバチ地形の変遷を振り返り、地形に呼応する都市景観の法則性について言及した。今回は、スリバチ地形が作り出す風景をタイプ別に分類して、その魅力に迫っていきたいと思う。東京スリバチ学会では以下の3つのスリバチタイプに分類している。

1 下町系スリバチ

都心にありながら、まるで谷あいの集落を思わせる町並みが残っているところを「下町系スリバチ」と呼ぶ。特に山の手では、低層建物が密集する住宅地としてレトロな佇まいを残している場所も多く、その密度を利用して、独特の若者文化を定着させた町もある。ここでは下町系スリバチのうち、知名度の高い事例として、商店街や歓楽街を列挙しておきたい。心当たりのある場所も多いはずだ。

谷中銀座（夕焼けだんだん）と、霜降銀座商店街。いずれも谷田川（藍染川）の沖積地に発達した谷間の商店街である。

・麻布十番商店街（港区：古川支流）
・戸越銀座商店街（大田区：立会川支流）
・あけぼの橋商店街（新宿区：紅葉川支流）
・日の出商店街（豊島区：水窪川）
・目黒銀座商店街（目黒区：蛇崩川）
・下の谷商店街（世田谷区：烏山川）
・谷中のよみせ通り（台東区・荒川区：谷田川）
・霜降銀座商店街・染井銀座商店街（北区、豊島区：谷田川）
・キャットストリート、隠田商店街（渋谷区：渋谷川あるいはその支流）

泉ガーデンは永井荷風の住む偏奇館などがあった窪地状の住宅密集地を再開発したもの

アークヒルズは谷町と呼ばれた木造家屋が密集する一帯を再開発したもの

2 再開発系スリバチ

「下町系スリバチ」がレトロな佇まいを保持する一方で、土地の起伏が持つ制約をも乗り越えて、再開発されていくスリバチもある。

都心の再開発の主な対象は、比較的大きな敷地を得やすい山の手の台地や、産業構造の変遷で役割を終えた臨海地区（もともと工場や倉庫だった場所）であった。谷の町は都心にありながらも、地権者が細かく分かれており、事業化には多大な労力とリスクを伴うため大規模再開発は敬遠されてきた。

しかし、都心部における開発の欲望は、1980年代のバブル期とその後のミニバブル期に、いくつかのスリバチにまで及び、窪地をまるごと再開発した事例が数例見られるようになってきた。それらを下町系スリバチが変容した「再開発系スリバチ」と私たちは呼んでいる。六本木一丁目にある泉ガーデンとアークヒルズはその代表的なものだ。その他の事例を以下に挙げておく。

・六本木ヒルズ（港区：旧南《みなみ》日《ひ》下《が》窪《くぼ》）
・赤坂4丁目薬研坂再開発（港区：旧太《た》刀《ち》洗《あらい》川の谷頭）
・富久《とみひさ》クロス（新宿区：旧饅頭谷《まんじゅうだに》の谷頭）

3 公園系スリバチ

「下町系スリバチ」、「再開発系スリバチ」とは対照的に、土地の起伏や湧き出る清水を活かし、公園や庭園に活用している事例を、我々は「公園系スリバチ」と呼んでいる。都心にありながら豊かな自然を残す貴重な空間となっており、いわば江戸の置土産なのだ。それでは、その変遷を簡単に振り返っておきたい。

江戸時代、清水の湧き出るスリバチ地形のいくつかは、大名庭園の一部に活用されていた。屋敷自体は尾根道からアプローチできる台地に構え、南向き斜面に刻まれた渓谷状の地形を池泉回遊式庭園として活用した事例が多かったようだ。

江戸の幕藩体制の解体により明治新政府に変わると、大名屋敷の広大な区画は上地《あげち》されたが、そのなかでも政府系施設や皇族・華族の屋敷、大使館などの都市施設の受け皿となったものは、比較的元の庭園の姿を残すことができた。民間に払い下げられた場合でも、豊かな自然景観はそのままに、資産家の自邸や社有の迎賓施設、ホテルの庭園へと活かされていったものもあった。

「公園系スリバチ」は、公共の場として開放されているものもあり、スリバチ地形の醍醐味や大名庭園の名残りを今でも観察することができる。そしてそのいくつかは、大都会にありながらも湧水が枯れずに残っているのだ。

①一般に公開されている公園系スリバチの例

- 有栖川宮《ありすがわのみや》記念公園（港区：旧盛岡藩南部家下屋敷）
- 清水谷公園（千代田区：旧紀伊藩上屋敷）

・池田山公園（品川区：旧備前藩池田家下屋敷）
・駒場野公園（目黒区：駒場農学校跡地）
・おとめ山公園（新宿区：将軍狩猟地御留山《おとめやま》跡地）
・須藤公園（文京区：旧加賀藩の支藩大聖寺藩松平家屋敷）
・甘泉園《かんせんえん》公園（新宿区：旧尾張徳川家下屋敷・清水家下屋敷）
・新江戸川公園（豊島区：旧熊本藩細川家抱《かかえ》屋敷）
・戸越《とごし》公園（品川区：旧肥後藩細川家の下屋敷）
以上は都心部の例であるが、郊外にも石神井公園・砧《きぬた》公園・小金井公園・殿ケ谷戸庭園など、スリバチ地形を活かした庭園は多い。

②公園以外の施設で活かされている庭園例（一部入場可能）

・新宿御苑（新宿区：旧大和藩内藤家中屋敷）
・国立自然教育園（港区：旧高松藩松平家下屋敷）
・東京大学本郷キャンパス内育徳園《いくとくえん》（文京区：旧加賀藩前田家上屋敷）
・椿山荘（文京区：旧黒田家下屋敷）

八芳園(港区)は谷戸地形に玉名川の水を溜めた池泉回遊式庭園である

清水谷公園(千代田区)はその名の通り、清水の湧く谷にある

・グランドプリンスホテル高輪(港区：旧久留米藩有馬家下屋敷)
・八芳園(港区：旧薩摩藩島津家下屋敷)
・根津美術館庭園(渋谷区：旧丹南藩高木家下屋敷)
・旧古河庭園(北区：旧陸奥《むつ》宗光《むねみつ》邸)
・根津神社(文京区：旧甲府藩徳川家屋敷)

③公開はされていないがスリバチ地形が庭園に活かされている例

・日立製作所中央研究所の敷地内(国分寺市)
・綱町《つなまち》三井倶楽部(港区：旧日向《ひゅうが》佐土原《さどわら》藩島津家上屋敷他)
・赤坂迎賓館(港区：紀伊藩徳川家上敷)

・フランス大使館、イタリア大使館他、多くの大使館の庭園
・泉岳寺や東禅寺はじめ、谷頭に立地する寺の境内

以上のように東京都心には、大名庭園の名残が意外と多く残されている。我々は都会にいながら、季節の草花や樹木、池泉などの美しさを鑑賞するだけでなく、江戸の世界にも浸ることができるのだ。

大名庭園は各藩が、将軍家に対する接待や大名同士の社交の場として、藩の威信をかけて造営したものだ。スリバチ地形のポテンシャルを活かした「もてなし」のデザインは、現代に引き継がれた大切な東京の観光資源であり、かけがえのない東京の財産である。公園系スリバチは世界遺産にも値すると、私は本気で思っている。

エピソード10

神と仏の凹凸関係――麹町、清水坂、高輪

皆川典久

神社と寺院の立地は、地形の凹凸と深く関係している。

東京に限らず、地形の起伏を意識しながら町を歩いていると、神社や稲荷、地蔵、庚申《こうしん》塔《とう》などを見かけることが多い。それらが祀られているのは、地理的に特色のある場所、例えば街道の分岐点であったり、町の境界部であったりするのだが、地形的に見ても「特異点」である場合が多い。

特異点とは、丘の頂、台地の先端部、平地の中の微高地などのことである。それらは神社や寺院などができるよりも前、集落や村が生まれたときからの、原初的でバナキュラー(土着的)なパワースポットだったに違いない。誰の目から見ても神聖に思えるそれらのスポットは、集落あるいは村の「鎮守《ちんじゅ》の杜《もり》」として、侵されることなく、人の営みをずっと見守ってきた。そんな場所にいつしか神社や稲荷が建立されたのであろう。

『神社は警告する』(高世仁、吉田和史、熊谷航 著/講談社)では、「津波が到達した浸水

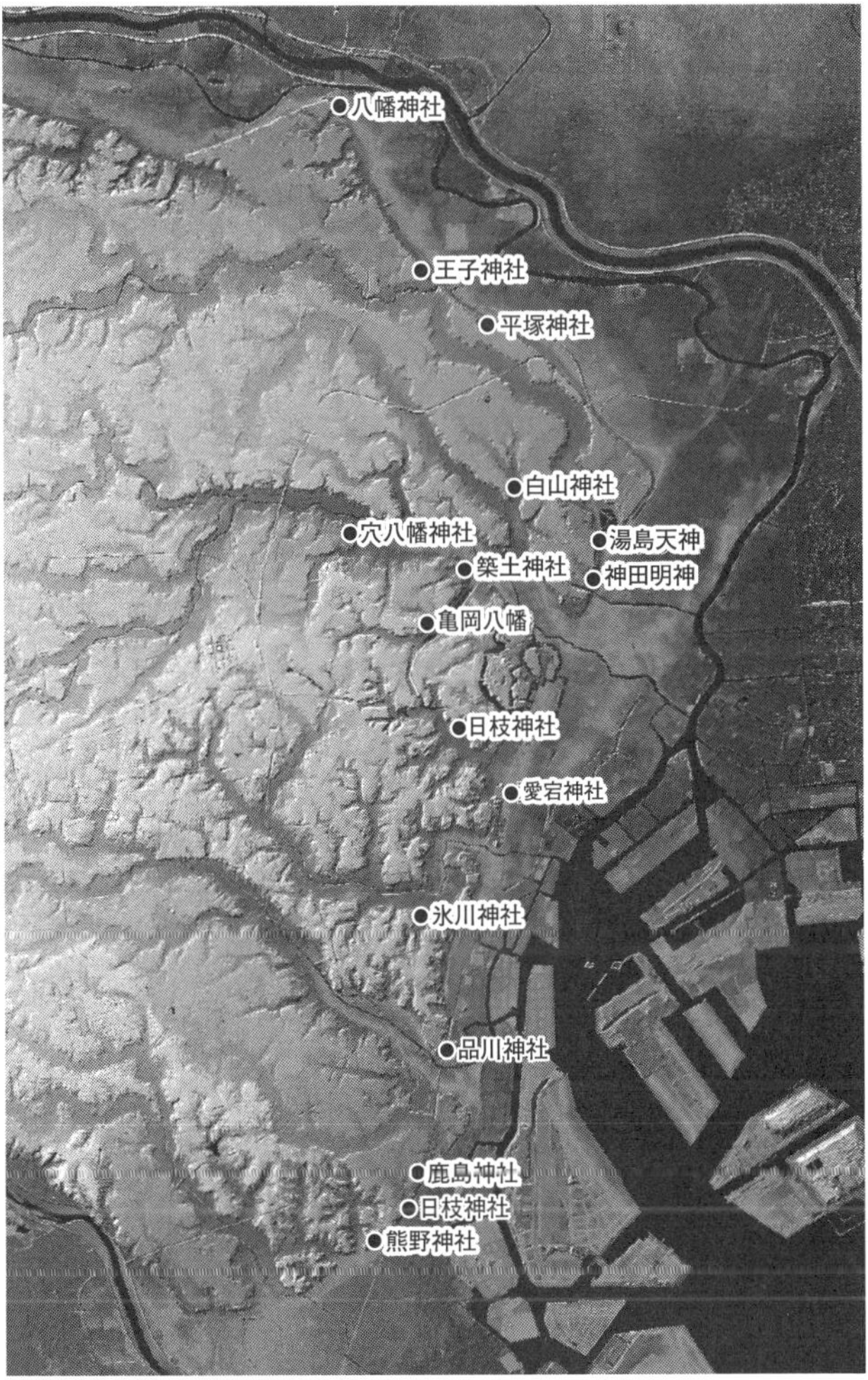

代表的な神社を地形図にプロットすると、それらは地形的な特異点に立地していることが分かる

線を辿ってゆくと、なぜかそこには神社がならんでいる」という事実を紹介している。東日本大震災の直後、仙台市の浪分《なみわけ》神社は、かつての津波が手前で止まったという伝説で話題となったが、浪分神社は地形的に見ると仙台平野（沖積低地）の中にある自然堤防（微高地）に立地していることが分かる。歴史ある神社のロケーションには、古代からのメッセージが含まれていると言ってもよい。

丘の上の神社

それでは東京の都心部について、具体的に神社の立地を眺めてみよう。

本郷の台地の突端にあるのは湯島天神や神田明神。台地と窪地が複雑に入り組む淀橋台には、神楽坂上の築土《つくど》神社や市ヶ谷の外濠を見下ろす亀岡八幡宮。溜池の崖上に祀られている山王日枝神社。山と錯覚するような岬状の突端には愛宕神社や西久保八幡神社が鎮座する。

というように、多くの台地の先端部は鎮守の杜として聖域となっている。これは都心に限ったことではなく、郊外においても、神社のロケーションは土地の起伏と深く関係している。身近な神社に立ち寄った際は、ぜひ周囲を見渡してみてほしい。

丘の上と谷の底の寺院

一方、寺院の立地に関しては、相反するふたつのパターンがある。ひとつは神社と同じく台地や丘に建立されているもので、もうひとつは台地に切り込まれた谷の最深部、すなわちスリバチに立地しているものだ。

前者の多くは将軍家に関係する、あるいは徳川幕府の庇護を受けていた寺院である。かつて上野の台地を占有していた寛永寺は、徳川将軍家の祈祷所・菩提寺《ぼだいじ》として有名だし、音羽谷を正面に構えた象徴的な丘にある護国寺は、徳川綱吉が母・桂昌院《けいしょういん》の願いを受け建立した寺院である。荏原台の突端を占める池上本門寺は日蓮聖人入滅《にゅうめつ》の霊場で知られるが、関東武士の庇護を受け、紀伊徳川家の祈願所でもあった。

では、後者の事例、スリバチに立地するタイプのものについて考えたい。

谷頭や窪地が選ばれた理由には、都市域の拡大とともに、寺院が時の権力者によって強制的に当時の郊外へと移転させられたことが関係している。寺院の移転先は、当時はまだ、利用されていなかった土地が多かったのだ。利用されていなかった場所が、窪地、湿地、そして谷戸《やと》などだったのだ（谷戸とは関東地方特有の呼称で、関東ローム層が厚く堆積した台地を刻む谷地形をこう呼ぶ）。興味深いのは、寺院に付随する墓地が、スリバチ地形の底面を満たすよう築かれている場所が多いことだ。東京スリバチ学会では、墓地で埋め尽くされた、弔いの谷戸を「クボチ」もしくは「スリボチ」と呼んでいる。墓場のある谷は古来「地獄谷」と呼ばれたが、その地獄谷も宅地開発の中で「樹木谷《じゅもくだに》」という呼び名に転化されている。都内には「樹木谷」と呼ばれる場所が三カ所存在しているので紹介しておきたい。

高輪にある樹木谷を台地から眺める

樹木谷と呼ばれたスリボチ（麹町・清水谷・高輪）

ひとつ目は麹町の善国寺坂がある谷戸で、千鳥ヶ淵川の谷頭にあたる。坂の名はもともとこの谷にあった日蓮宗善国寺に由来し、江戸初期は他にも多くの寺院が集まる葬送の谷であった。善国寺は江戸中期の都市拡大に伴い、神楽坂へと移転した。善国寺とは神楽坂毘沙門天のことで、現在はこちらの名のほうが親しまれている。

ふたつ目は神田明神の北側、蔵前橋通りの清水坂

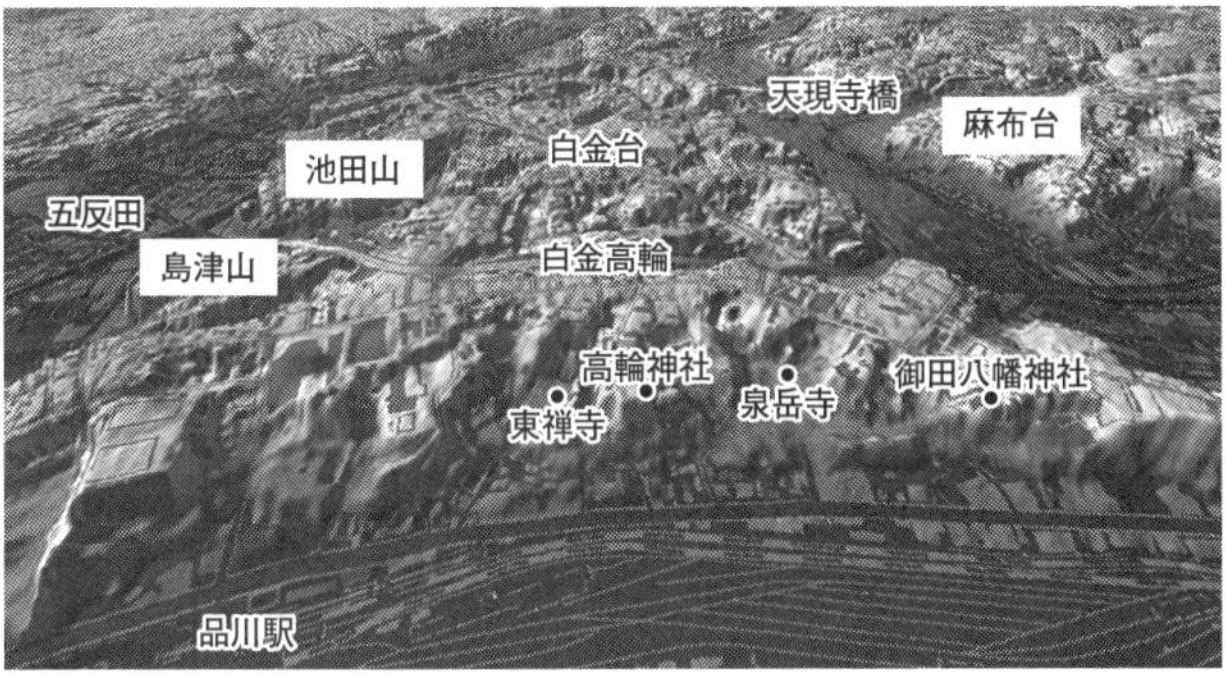

スリバチギンザと呼んでいる高輪の凹凸地形を海側から眺める

がある谷地のことだ。ビルが建ち並んでいるため地形を把握しにくいが、神田明神の裏手は急峻な崖地となっていて、対岸の丘には妻恋神社《つまこい》が祀られている。

3つ目は高輪にある谷で、玉名川《たまながわ》支流の谷頭にある場所だ。元来は刑場があった谷戸とされ、現在は緑の生い茂る共同墓地に利用されている。

さて、東京スリバチ学会が「スリバチギンザ」と呼んでいる高輪の台地は、低地に向かっていくつものスリバチ状の窪地が刻まれ、岬状の台地と窪地を交互に楽しめるスリバチ散策の適地であるが、ここでは神社と寺院の立地に注目したい。

まず窪地に立地するのは、東禅寺・泉岳寺。いずれも崖下から湧き出る清水を活かして池を造り、境内の庭園に取り込んでいる。一方、岬状の台地突端には御《み》田八幡《たはちまん》神社や高輪神社、品川神社などがある。極めて相反的な立地特性とも言えるが、どちらも地形的には丘と谷の最深部、行き止まりの「奥」という点で、ネガポジの関係になっているところが興味深い。

東禅寺と泉岳寺境内には湧水池《ゆうすいち》があると紹介したが、谷頭＝水源という場所に寺院が建立された理由として、水源を守る、あるいは水利権を押さえるという解釈も可能だろう。水源に立地する寺院としては調布の深大寺《じんだいじ》を代表例として、渋谷川水源の天龍寺や蟹川支流水源の太宗寺《たいそうじ》など、都内には多くの事例が存在する。

さて、最後に話を神社に戻し、興味深いエピソードを紹介しておきたい。

かつては東京湾が入り込んでいたと言われる日比谷入江の先端部分、今で言うと大手町のビジネス街の、高層ビルに囲まれた一角に「将門《まさかど》の首塚《くびづか》」が祀られている。今でもビジネスマンが参拝に立ち寄る姿をよく見かける。将門の首塚とは、天慶の乱（９７９年）と呼ばれる紛争で、下総で殺され、京でさらされた平将門の首が、その怨念で大手町まで飛んできて落ちたとされる伝説の地を祀ったものである。

天慶の乱とは、東国の人々にとって、京都政権の強権に対する独立戦争的な意味合いがあり、搾取に苦しめられていた辺境の民にとっては一筋の希望であったとも言えよう。だか

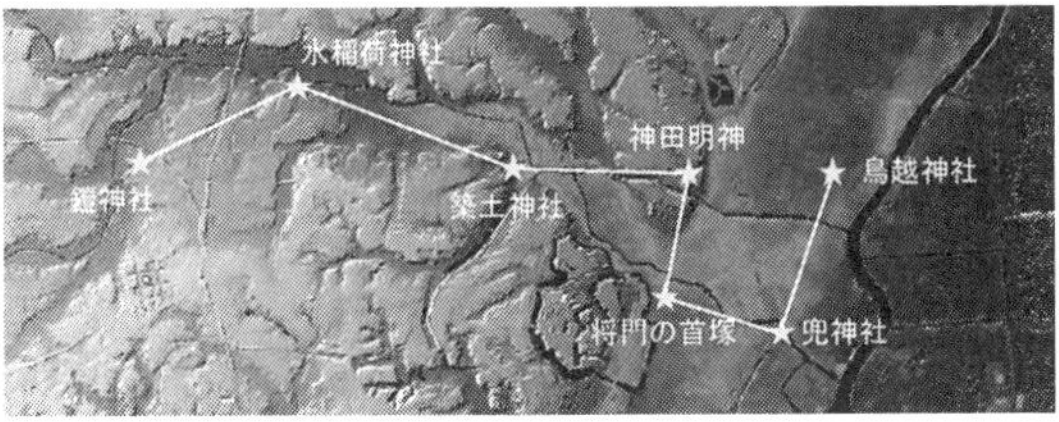

平将門にまつわる神社を結ぶと北斗七星が現れる

ら徳川家康は江戸を統治する際、先住民の気持ちを重んじ、政権の信任と安定を得るために首塚を丁重に祀り、将門信仰を重んじたのだ。

それに対して、尊王・アンチ徳川を掲げた明治以降の政府は、かつての朝敵であった将門塚をとても粗末に扱ったため、不幸が続いた。塚を取り壊して庁舎を建てた大蔵省では、大臣他幹部41名が次々と急死。戦後には、ここを整地しようとしたGHQの工事関係者が事故で亡くなっている。また、塚の敷地にかかって建てられた長期信用銀行は倒産した。その他にも、お供え用のお神酒を飲んだら会社が火事になった、など逸話は尽きない。いわゆる「将門の祟り」である。

徳川三代に仕えた黒衣の宰相天海僧正《てんかいそうじょう》は将門の強い怨霊を、江戸の守護神として祀ったと言われる。都内には将門を祀る場所が7つあり（首塚・神田明神・築土神社・兜神社・鳥越神社・水稲荷神社・鎧神社）、それぞれが主要街道の出入り口にあたる場所で、江戸城を守るように配置したのだとされる。地形的にはいずれも台地の突端や微高地など、特異点にあたる。そしてさらに興味深いこととして、それらの場所を結ぶと北斗七星の配列が武蔵野台地に浮かび上がるのだ。ひしゃくの先が指すのは、動かざるものの象徴として、徳川家康が祀られている日光東照宮に他ならない。

エピソード11

スリバチという名のパワースポット
——明治神宮、おとめ山公園、清水窪弁財天、お鷹の道と真姿の池

皆川典久

スリバチを歩くとパワースポットに行き当たる。

パワースポットとは、運気を上げてくれるような場所、あるいは生命力あふれる場所のことである。都内では最近、古くからの神社や湧水《ゆうすい》が、身近なパワースポットとして脚光を浴びている。確かに神社やその周辺にある鎮守の杜では、心まで浄化された気分になれるし、大地からこんこんと絶えず湧き出る水を眺めていると、天の御力《おちから》を感じずにはいられない。

これまで述べてきたとおり、スリバチ地形は水と深い関係にあり、数多くのパワースポットを内包している。だから、必然的に行き当たるというわけだ。スリバチめぐりとは、地形の凹凸を楽しみながら、そんなパワースポットにも出会える、ご利益の多い町歩きなのかもしれない。今回はスリバチを通じて知り得た、幽玄なる森に抱かれたパワースポットをスリバチ学会流に紹介したい。

明治神宮・清正井

まず最初は、行列ができるほどの人気スポットとなった「清正井《きよまさのいど》」。

清正井は、明治神宮南参道を行き、本殿参道の左手にある御苑北口を入った庭園の一番奥、緑豊かな森に抱かれるよう静かに佇んでいる。ここにはかつて彦根藩井伊家の下屋敷があり、その前は加藤清正の別邸があった場所だ。そのため、湧き出る井泉《せいせん》は、清正公が掘ったと伝えられるようになり、その名が付けられた。

清正井周辺

湧き出した水は、初夏に御苑を彩る菖蒲田《しょうぶた》へ注ぎ、神宮内の南池を経てJR原宿駅のホーム真下を暗渠として横切っている。したがって原宿駅のホームは谷を跨いだ、いわばダムのような構造になっており、駅よりも上流側の谷戸地形は一級スリバチといえる。

原宿駅の竹下口から下流側（表参道方面）

へと続くかつての流路は、竹下通りと平行する裏通り、ブラームスの小径やフォンテーヌ通りと呼ばれる細い道になっている。これらの暗渠が合流するのは、キャットストリート、すなわち渋谷川の川跡である。

ちなみに広大な緑地面積を誇り、都心を冷やすクーリング効果でも知られる明治神宮の森は、古くからの自然森ではなく人工的に造られた森である。「代々木の杜」とも呼ばれる鎮守の杜は、明治天皇の崩御にのぞみ、大正10年までに国民の献木約10万本を植樹して作られた。今ではすっかり野性味を帯びた森の奥深くに分け入るたびに、この国の植物の力とそれを支える豊富な雨量のことを想う。なお清正井が、今でも豊富な水量を誇るのは、涵《かん》養域《よういき》としての広大な森が背後に控えているためである。

ブラームスの小径は渋谷川支流の水路跡

新宿区立おとめ山公園

都心のもうひとつの事例として、高田馬場駅からほど近い、新宿区立おとめ山公園を紹介したい。

おとめ山公園は、神田川を南に望む崖線《がいせん》にあり、道路を挟んで東西に分かれている。東西ふたつの公園は、どちらも典型的な「公園系スリバチ」であり、渓谷状の谷戸の中ほどには湧水を溜めた池がある。実際に今でも湧水が観察できるのは、西園の谷頭《こくとう》で、湧き出た水は上の池・下の池へと流れ込んでいる。渓谷を見下ろす丘には東山藤《ひがしやまふじ》稲荷神社が祀られており、木立の隙間から垣間見える古い祠に神秘性を感じる。

西園の谷頭の崖下から、わずかではあるが清水が湧き出ているのが確認できる

江戸時代、このあたりは将軍の鷹狩の地だったところで、一般人は立ち入りを禁じられていたことから「御留山《おとめやま》」の名が付けられた。明治以降は相馬家の屋敷となり、太平洋戦争で土地は分割売却されたが、庭園だけは

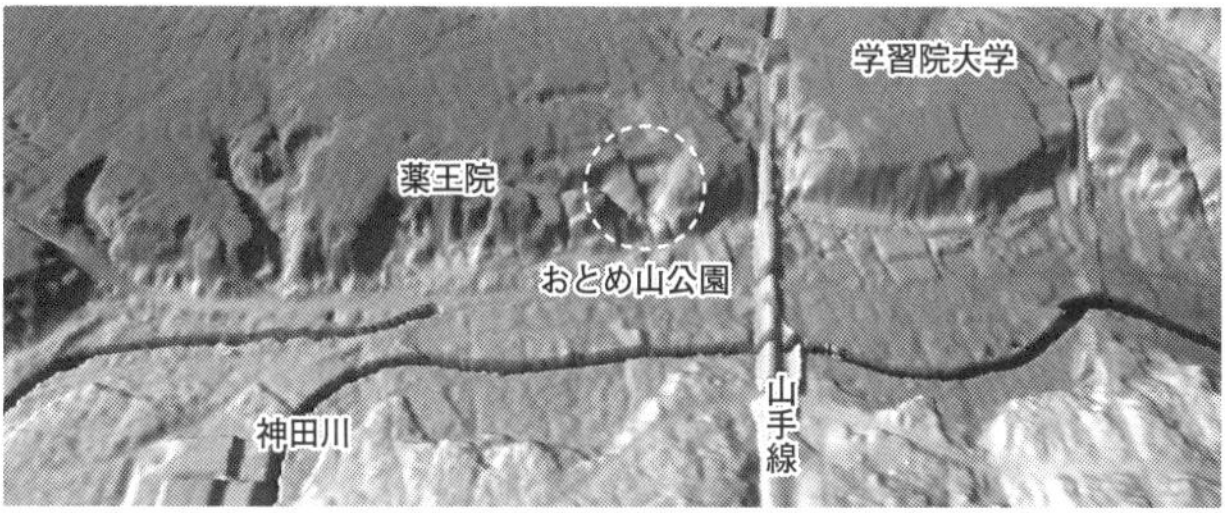

おとめ山公園周辺

地元から起きた保存運動によって救われ、1969年に新宿区立おとめ山公園として開園した。

この崖線の並びには他にも、下落合野鳥の森公園や、学習院大学キャンパス内の血洗いの池など、元々は湧水を溜めたものと思われる池がいくつか見られる。

清水窪弁財天

続いて取り上げるのは、東京近郊・大田区にあるパワースポット、清水窪弁財天《しみずくぼべんざいてん》だ。

東急目黒線・大井町線の大岡山駅から北へ10分程歩いた、静かな住宅地のなかに現れた、異次元の空間のように不思議な窪地で、典型的な二級スリバチの形状を成す。

比較的平坦な荏原台の台地が、唐突にえぐられたような崖《がい》下《か》には、水を湛えた小さな池があり、その傍らに弁財天の祠が静かに祀られている。周囲から木々で隔絶された窪地には、他にもいくつかの古い末社《まっしゃ》が祀られ、神秘的な空気を漂わせている。谷頭の石組から落下する滝の水は、現在は地下水を循環利用しているが、元々は弁天堂の奥で湧出していたという。

清水窪弁財天のスリバチは、谷頭侵食によってできた武蔵野台地特有の谷戸形状を示している。湧出量が豊富な場合、その水の力によって、湧水付近の侵食と地層の液状化による地層下部の崩落が徐々に進行し、馬蹄形の谷頭地形を形成するのだ。

この清水窪から流れ出た水は、洗足池《せんぞくいけ》へと注ぐ。かつては水田を潤す灌漑用水として利用されていた。東急目黒線の軌道が土手となってこの谷筋の出口を塞いでいるため、上流側は一級スリバチともいえる。

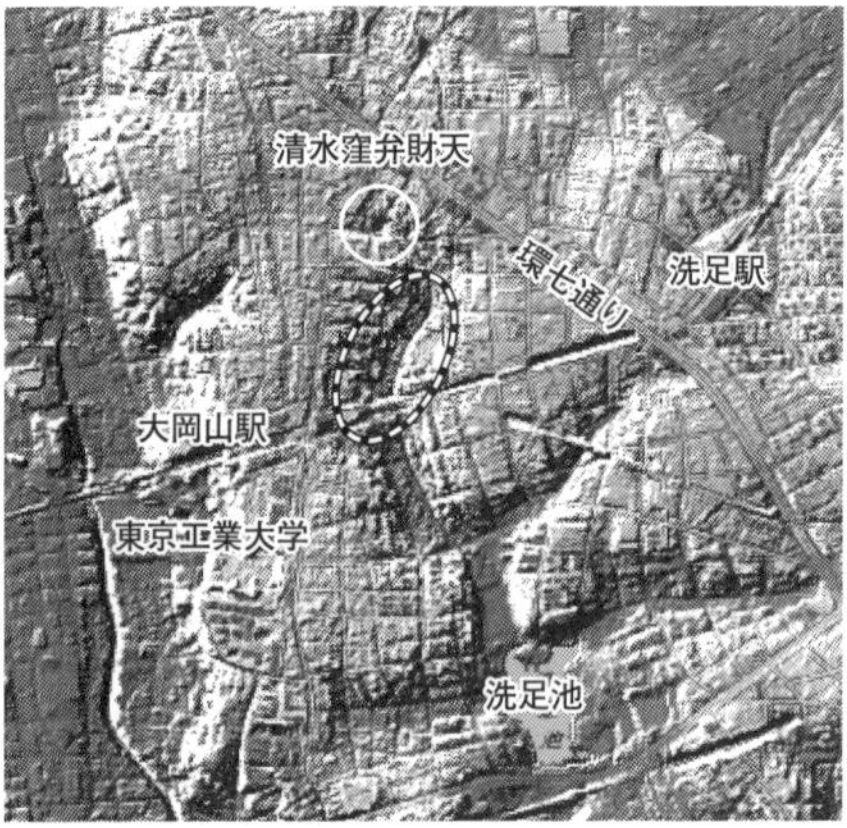

清水窪周辺。94ページの清正井同様、下流側が鉄道の土手で塞がれ、一級スリバチ地形となっている

周囲を崖で囲まれた清水窪弁財天の小さな境内は、神秘的な雰囲気を漂わせている

お鷹の道と真姿の池

東京近郊のおすすめスポットとして、もうひとつ、国分寺崖線《がいせん》のお鷹の道と真姿《ますがた》の池周辺の湧水群も取り上げたい。

国分寺市から世田谷区まで続く武蔵野段丘の国分寺崖線は、「ハケ」と呼ばれている。大岡昇平の『武蔵野夫人』の第一章「はけのひとびと」では、ハケは「峡《きょう》」のことと説明されており、「斜面深く食い込んだ、ひとつの窪地を指す」と書かれている。その近くにある貫井神社の地形についても「釜状の小盆地」と表現していて、つまり、大岡氏もスリバチ地形に着目しているところが興味深い。

およそ20㎞続く国分寺崖線は豊かな雑木林で覆われ、台地に降った雨が、その裾から湧水となって流れ出して野川をつくっている。お鷹の道・真姿の池湧水群はその野川の源流のひとつである。「お鷹の道」という名は、この一帯が江戸期に尾張徳川家の鷹狩の場だったことによる。「真姿の池」は、平安時代に、病で醜い姿になっていた美女玉造《たまつくり》小町《こまち》が池の水で身を清めたところ、病が癒え、元の姿（真姿）に戻ったという伝説に因んでいる。真姿の池は、確かに伝説を生むほど豊富で清らかだ。緑陰《りょくいん》を映す澄んだ池や湧水群は神秘的で、まさにパワースポットと呼ぶに相応しい。

池へ注ぐ水は、崖下の石組と大木の裾から湧いている

付近の人は湧水の流れを「カワ」と呼ぶ。近代的な水道が引かれるまでは、「カワ」が飲み水、炊事、風呂、洗い物など一切をまかなっていたという。

さて、少し話は逸れるが、スリバチめぐりを通じて、見知らぬ湧水スポットに出会える喜びを噛みしめながらも、何度も「先を越された！」という感覚に襲われ続けている。私たちもマニアックな町歩きをしているはずなのに、常に私たちよりも先に湧水スポットを巡っている、オタクな人物がいるのだ。それはいったい誰か。

その人物こそ、弘法大師空海なのである。

都内では谷頭に建立された高福院《こうふくいん》（品川区上大崎）や清涼寺《せいりょうじ》（板橋区赤塚）などに弘法大師にまつわる伝説が言い伝えられている。全国に広げてみても、修善寺温泉の独鈷《とっこ》の湯では弘法大師が霊泉を噴出させたという伝説や、群馬県の法師《ほうし》温泉にも開湯伝説が残され、さらに、弘法井戸と呼ばれる井戸も全国に数多く点在している。このように日本中に、錫《しゃく》杖《じょう》を突いたら清水が湧いたとする、弘法大師伝説が数多く残されているのだ。

いつも先を越されるのは悔しいが、弘法大師こそ湧水スポットを全国行脚した、いわばスリバチめぐりの偉大なる先輩だと、崇拝せずにはいられない。

エピソード12

川はどちらに流れる？——古隅田川、隅田川、利根川

佐藤俊樹

春になるとつい口ずさむ唄がある。作詞武島羽衣、作曲瀧廉太郎の『花』だ。といって分からない人も、「は〜るの〜、うら〜ら〜の、すみだがわ〜」と歌い出せば、すぐ分かる。のびやかで、心温まる唄だ。

「すみだがわ」と聞いて多くの人が思い浮かべるのは、浅草や向島辺りの隅田川だろう。何しろ墨田区という区まであるくらいだ。付近の川岸は「墨堤《ぼくてい》」とも呼ばれ、江戸の頃から桜の名所として知られてきた。毎春ソメイヨシノの花霞がたなびき、たくさんの人が花見に訪れる。

この隅田川は東京都北区の新岩淵水門で荒川から分かれて、東京湾へ注ぐ全長25キロほどの河川だが、東京湾低地、すなわち関東平野の南部に広がる広大な低地帯には、実はもうふたつほど、「すみだがわ」と呼ばれる川がある。

ひとつは東京都の足立区と葛飾区の間、常磐《じょうばん》線の中川鉄橋辺りから小菅《こすげ》の東京拘置所付

近までを流れる川だ。といっても、現在ではそのほとんどが暗渠化され、地下を人知れず流れている。途中で綾瀬駅を南北に横切っているのだが、普通の人にはたぶんただの通路にしか見えないだろう。

もうひとつは埼玉県にある。岩槻《いわつき》（さいたま市岩槻区）から粕壁《かすかべ》（春日部市）へと続く川だ。こちらは地上に顔を出しているが、決して大きくはない。用水路を少し拡げた感じのものだが、一部は改修されて、本当に用水路として使用されている。これが「すみだがわ」だと言われると、なんだか微笑ましくなるくらいだ。

綾瀬駅を横断する「すみだがわ」。今はすっかり暗渠です。

そんな事情もあってか、どちらの川も現在の正式名称は「古《ふる》隅田川」となっている。少し余計な漢字がくっついているが、なめてはいけない。

実は、このふたつの「すみだがわ」にも現在の隅田川にも日本を代表する大河川、利根川が密接に関係している。というか、かつて3つの隅田川はどれも利根川の本流だった。

利根川はその流路を劇的に変化させてきた。現在では銚子から太平洋に注いでいるが、この流路は江戸時代に大改修されてできたもので、本来は東京湾に流れ込んでいた（利根川はそれ以前にも地形の変化によってその流路を幾度か変えている）。左の流路図にある太い実線の場所をかつて利根川は流れていた。そのなかの、古代・中世の武蔵《むさし》国と下総《しもふさ》国の境の部分が「すみだがわ」と呼ばれていたらしい。つまり、ふたつの古隅田川は現在の隅田川とつながっていたのだ。それが利根川の流路の変化によって切り離され、名前だけが残ったというわけだ。

実際、江戸時代より前、かつての隅田川はすべて武蔵と下総の国境になっていた。川の向こうは別の国だったのだ。現在でも東側は香取神社、西側は氷川神社と、点在する神社も違う。神様も棲み分けていたのである。そんな感じで昔の「すみだがわ」、つまり利根川下流部は関東平野南部の広大な低地帯を分断する、巨大な河川だった。

今も東京の古隅田川は足立区と葛飾区の境界になっていて、おかげでこの辺りの区境はやたらグニャグニャしているが、これも昔の利根川の蛇行の痕である。

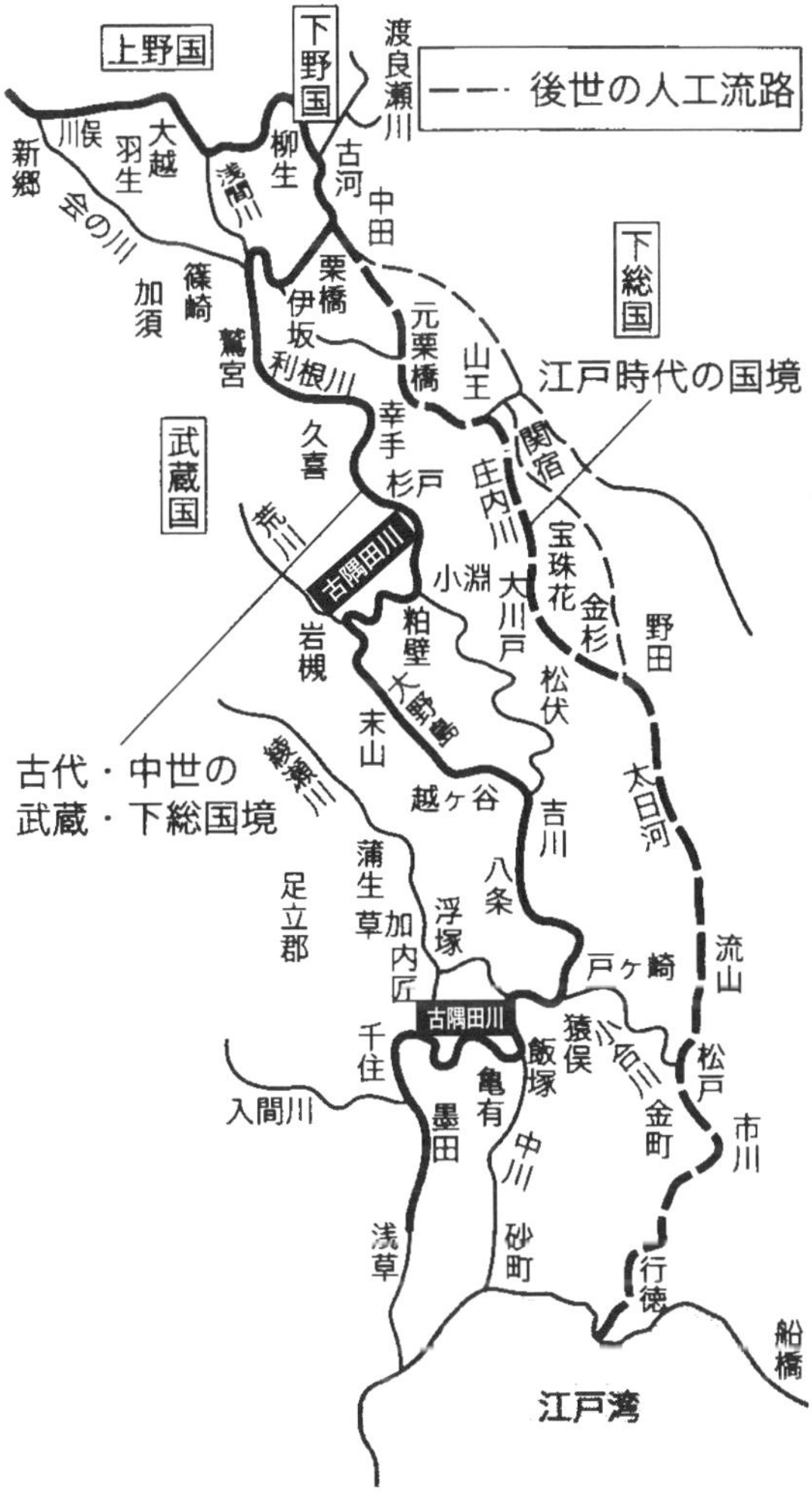

(国土開発技術研究センター編『利根川百年史』建設省関東地方建設局より)

ついでに言うと、現在の隅田川も、かつてはもっと大きかった。墨田区辺りがちょうど河口部で、巨大な三角州になっていたそうだ。墨田区向島という地名を聞くと、今は少し違和感を覚えるが、もともとここは本物の島だったのだ。今でも一帯を歩くと、地面の小さな高低として流路の痕が体感できる。

春日部市の「すみだがわ」。今はすっかり小川です

埼玉県の古隅田川には、もうひとつ驚くことがある。最初に述べたように、現在は岩槻から粕壁へ、つまり西から東へ流れているが、利根川の下流部だった頃は粕壁から岩槻へ、つまり東から西へ流れていたと考えられている。川幅が狭くなっただけではない、流れる方向も逆転したのだ。

もちろん、一夜のうちに流れが変わったわけではないだろう。利根川の本流でなくなるにつれて、水量が減り、川幅も狭くなっていき、そのうちに、いつのまにか流れの向きも逆転していた……。たぶんそんな経緯だっただろうが、その間には「子どもの頃は西へ流れていたのに、今は東へ流れている」という経験をした人たちもいただろう。お婆さんやお爺さんが幼い孫たちに「昔はね……」と語りかける姿が目に浮かぶようだ。

実は東京や埼玉の川は基本的に、西から東へ流れる。これは関東造盆地《ぞうぼんち》運動という巨大な地殻変動の影響らしい。

関東平野ではちょうど地図の太い実線、昔の「すみだがわ」の流域を中心に、地面がずぶずぶと、ひたすら沈み込んでいる。沈む速度は場所によって違うが、10年間に2㎝以上の速度で沈んでいる場所もあるそうだから、オドロキである。利根川の流路の変化にもこの運動が関わっているのだろう。

要するに、この一帯が巨大な凹地、いわば超巨大なスリバチになって、そこにいろいろな川が水と泥をせっせと運び込んできたわけだ。だから、例えばこの地帯の西側、東京や埼玉などの地域では東から西へ流れる川は珍しくて、わざわざ「逆川《さかさがわ》」と呼ばれたりする。

東京近郊には、私の知るだけで、そんな逆川が3つある。世田谷区等々力と豊島区王子（エピソード7参照）、そして渋谷区幡ヶ谷の辺りだ。どれにもなかなか劇的な土地と人間の歴史があって興味ぶかい場所だが、埼玉の古隅田川も昔はそんな逆川のひとつだった。

それが今は逆川ではなくなり、よくある川のひとつみたいな顔をして、のんびりと東へ流れていく。そんな水面と河畔に咲く春の草花を眺めていると、浅草付近の隅田川とはまたちがった意味で、「すみだがわ」の昔の景色が偲ばれる。

エピソード13

東京の階段をめぐる

松本泰生

スリバチに階段はつきもの

ありがたいことに数年前に皆川会長からじきじきにお誘いを頂戴し、以降、スリバチ・フィールドワークにときどき参加している。普段は都心部の階段を単独で見て回ることが多いが、大勢の会員の方と地形探索をしながら歩くのもまた楽しい。

階段は当然、高低差のある場所にあるので、東京の場合、武蔵野台地の高台と、それを刻む川筋の低地との間に多い。スリバチ・フィールドワークは川によってできた谷戸《やと》地形の探索が中心なので、そのフィールドと階段の所在地はかなりの部分で重なる。実際、

文京区大塚5丁目のクランク階段

スリバチ・フィールドワークに参加するといくつもの階段に出会うし、私が以前から階段めぐりで訪ね歩いている場所が対象地であることも多い。スリバチに階段はつきものなのだ。

「階段ってなにが面白いんですか？」としばしば尋ねられる。私の場合、いつのまにか面白い、興味深いと感じていて、その理由を突き詰めて考えていなかったりするので、改めて尋ねられると答えに窮することも多い。

文京区大塚5丁目のジグザグ階段

私自身、都市計画という分野に籍を置いていることもあり、バリアフリーとか密集住宅地の災害時の危険性についてはそれなりに理解している。だから「階段は最高！」などと無邪気に叫ぶつもりはない。一個人の趣味として好きです、共感していただける方は御一緒に、という感じで、「布教」にはさほど熱心ではない。とはいえ、階段に興味を持っていただけるのは有り難いことなので、私がなぜ階段に「反応」してしまうのかを、今回は少し述べてみる。

文京区大塚5丁目の扇型アプローチ階段

姿形の個性や多様性を楽しみ、その理由を考える

寺社参道の階段は古くから寄進などで整備され、立派なものが多い。公道の階段も近年は整備が進んでいる。だが私道上の階段は周辺の住民が自前で作ることが多いためか、非計画的なものが多い。斜面の高低差や傾斜、周辺の敷地状況に左右され、実にさまざまな規模や形のものが造られており、相当に急なものや、家屋の間を屈曲しながらすり抜けていくものなど、ひとつとして同じものはない。石やレンガ、ブロックなど多種多様な素材を手当たり次第に使ったセルフビルド感満載の階段もあれば、老朽化して段々が崩れたり雑草が生え

たり苔むしたりした階段など、エイジングが進行して妙な個性を獲得している例も見られる。

奇妙な形の階段に出会うと、ついその形の面白さに反応してしまうが、そうなった理由を後から考えてみると、敷地や斜面の形状など、その場所が持ついくつもの条件に拠る形であることが想像され、意外に味わい深いことに気づく。

ちなみに新宿区内の道路上の階段について、公道と私道の比率を算出したら71%が私道だった。都心では恐らく6～7割程度が私道上の階段なのだろう。私道上の階段には規格に合わせて設計された公道の階段にはない面白さがあり、やや画一化が進む東京の道のなかでそれらは記憶に残るものになっている。

大田区山王4丁目　厳島神社弁天池の谷へ下る階段。アパートの2階外廊下がつながっている

到達感や達成感を味わう

スリバチ・フィールドワークでは、やや密集した住宅地内の迷路状の細道で階段に

出会うことがしばしばある。そんなときは、階段を上って行って果たしてスリバチを抜けられるのだろうか、という期待と不安が混ざった心持ちで歩みを進める。谷から抜け出して、台地上のスリバチの縁に出られた時には、「抜けられた、高台側に出られた、脱出した」というプチ達成感というか到達感を得られる。逆に高台から谷底へ下って、歩いてきた道を振り返る際は、台地の片隅に刻まれた秘密の空間へ足を踏み入れたという緊張感を感じる一方で、谷底へ下りきって一息つく安堵感を得たりする。

こうしてスリバチを実際に上り下りして疲労を感じると、「その土地のことを詳しく知っている」という、制覇した感覚が得られるが、その際に階段を使うことで、より高低差や景観が意識されて体験の充実度は高くなる。階段で斜面を上り下りする場合は「なんとなく」ということはなく、視覚的にも体験的にも明瞭にその高低や上下が意識されるのだ。

北区赤羽西4丁目
亀ヶ池の谷へ下る階段から赤羽台を望む

階段を歩いて地形を理解し記憶する

地域の人だけが知るような階段のある道に入り込むと、自分も秘密を共有しているような感覚になる。車で通れる大通りではなく、歩かねば知ることがない町の裏手の道筋まで知っていることが妙な満足感につながるのも、階段探索のひとつの楽しみかもしれない。それは土地勘を持つということでもあり、町への愛着を深めることにもつながる。

東京の町は低地側は往々にして密集した住宅地や商店街で、一方、高台側は景色の良い御屋敷町であることが多い。低地と高台をつなぐ階段は、このふたつのやや異なる町をつなぐものであると同時に、その存在によって両者を区切ってもいる。階段は高台と低地の境で、一種のゲート・結界になっているのだ。

都心部の高低差は20〜30m程度しかないので、地形のわずかな高低は自転車や徒歩でないと知覚しにくい。高台側と低地側を景観的に仕切っていた斜面緑地も減少し、両者の境界も分かりにくい。しかしそこに階段がある

中野区東中野5丁目
神田川近くから早稲田通り方面へ上る階段

とそれが視覚的・体験的なサインになり、高台と低地が意識される。

階段は土地の高低を顕在化するサインであり、分かりにくくなった地形を改めて知覚する手掛かりにもなる。長大な階段が複数あることは、そこが急傾斜地であることの反映だし、細く入り組んだ階段の存在は、その地域がやや密集した宅地であることの表れだ。地図を見ながら階段を上り下りすれば、スリバチ地形の全体像が記憶しやすくなる。

渋谷区円山町
左右のデザインが異なる階段

スリバチも階段も、その面白さや魅力は現場で複合的に理解されるもので、写真や地図だけでは理解しにくい。やはり実際に見て体験して感じるのがいちばんだ。百聞は一見に如かず。地図やスリバチ本などの書を持ってスリバチを訪ね歩こう。そこには階段との出会いもきっと待っている。

エピソード14

私が暗渠に行く理由。

髙山英男

東京スリバチ学会に集まってくるみなさんの動機は実に様々であろうが、私の動機はずばり「そこで出会えるであろう暗渠《あんきょ》（地下化された河川や水路、もしくはその跡）」だ。

スリバチと暗渠、双方の東京におけるフィールドワークには共通点が多い。スリバチの底である谷には自然河川や自然流下式の排水路が流れている（いた）はずだし、スリバチの縁《へり》をなす尾根には人工の用水・上水が引かれている（いた）ケースもある。そしてそれらの水路は都市化によって廃止・暗渠化されたものがほとんどなので、スリバチあるところに暗渠あり、という図式が成り立つのだ。

スリバチ学会のフィールドワークの道々で、同行の方々とそんな会話をする機会も少なからずあるのだが、その上で、

「で、暗渠ってどんなところが面白いんですか？」

と素朴なご質問をいただくことも。歩きながらだとつい周りの景色に気を取られてうま

く答えられないことが多いのだが、次にそう聞かれたときにすらすら答えることができるよう、私が考える「暗渠の魅力」をこの機会に整理してみようと思う。

大雑把に言うと、暗渠の魅力は3つの要素に分けられる。ひとつは、見えなかった「ネットワーク」が見えてくること。これは地形や地図を軸とした魅力と言える。ふたつめは、埋め込まれた「歴史」が見えてくること。つまり時間軸での魅力である。3つめは見過ごしていた「景色」が見えてくることだ。これは物体軸とも言えると思う。以下で各要素についてご説明していく。

暗渠の魅力①　見えなかった「ネットワーク」

かつて、東京のたくさんの谷にあったであろう河川や水路たち。しかしこれらは、都市化の過程でほとんどが暗渠化され、地図上には残っていない。いわば地図に近代化という「膜」が掛けられ、見かけ上は隠された状態となっている。この膜をぺりぺりとはがして水路の跡を見つけ出し、手元のまたは頭のなかの地図に自ら描き加えていく。それが暗渠を探すということだ。

最初は点や破線であった水路跡が一本の線になり、やがて川が描き出される。そして隣の川との合流点が分かってくると、より大きな水系があらわになってくる。それは、いつも見慣れた鉄道路線や道路網などの都市グリッドとはまるで違う、「かくれたネットワーク」の再発見である。

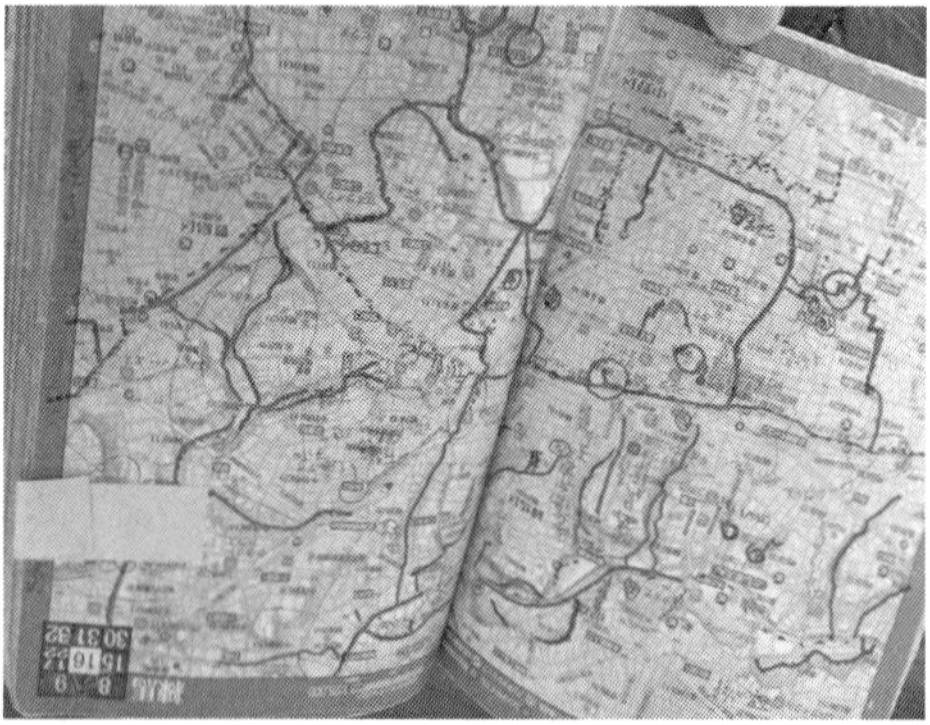

「暗渠ノート」代わりに使っているマイ地図には、川のネットワークがいっぱい……

例えば「小沢川」という暗渠によって中野富士見町と新高円寺が丸ノ内線以外で結ばれていたり、京王線の上北沢と小田急線の下北沢が「北沢川」という川の軸上で「上下」をなしていたり。暗渠は私たちの虚を衝《つ》きながら無関係に見えていた地点同士を結び付ける、新しい都市レイヤーなのである。

地図をにらんで推理して、そして現場に行って確かめながらフィールドワークをしていると、あたかも東京全体を舞台にした壮大な水路パズルにチャレンジしているかのようなわくわくした気分になれるのだ。

暗渠の魅力②　埋め込まれた「歴史」

前項の「ネットワーク」が三次元的だとすればこちらは四次元的な魅力と言える。川が暗渠化されてしまった経緯を少々調べるだけでも、その土地固有の履歴があらわになってくる。さらにそれは、東京史・日本史・ひいては地球史という大きなトレンドに左右されていることに気がつく。中沢新一『アースダイバー』（2005年／講談社）も、暗渠目線で見ればこの魅力を語る文献だと位置づけることができるし、NHKの番組「ブラタモリ」が人気を博した理由も、地形に加えてこの魅力を巧みに織り込んだからこそであろう。

しかし、地形の成り立ちを語る千年・万年スパンでの歴史も、人や共同体の営みと水の関わりが見えてくる江戸期までの歴史も、どちらも興味深いものがあるが、私は特に近代の、「東京という都市」と川の歴史に大きく心惹かれるのだ。

東京の都市河川暗渠化には3つの大きなインパクトがあり、それは「関東大震災後の復興」、「第二次世界大戦後の復興」、そして「東京オリンピックに向けた整備」である。特に都市部の下水道整備が急ごしらえで進められた東京オリンピック前夜の昭和30年代後半は、川を自然流下式の下水道に転用することで、「きれいな景色」と引き換えに「きれいな暮らし」を東京が手に入れた時期でもある。その「きれいな暮らし」を手にした人々は、どんな匂いを嗅ぎ、どんな音を聴きながら、どんな表情を浮かべていたのだろう……。

そんな「ちょっと前の東京」を思いながら狭い暗渠道を歩くのもまた一興。

渋谷川(現キャットストリート)も、暗渠化はオリンピック前の時期

暗渠の魅力③　見過ごしていた「景色」

3つ目は「そこにあるモノ」から感じる魅力である。実際暗渠に行ってみると、かつての護岸の跡や車止め、はたまた銭湯等といった私たち暗渠マニアが「暗渠サイン」と呼んでいる物件に出会う(左ページ図「暗渠サインランキングチャート」)。これらは普段見過ごしがちな、ありふれた日常を構成するオブジェクトであるが、「暗渠」というキーワードに照らし合わせるとたちまちキラ

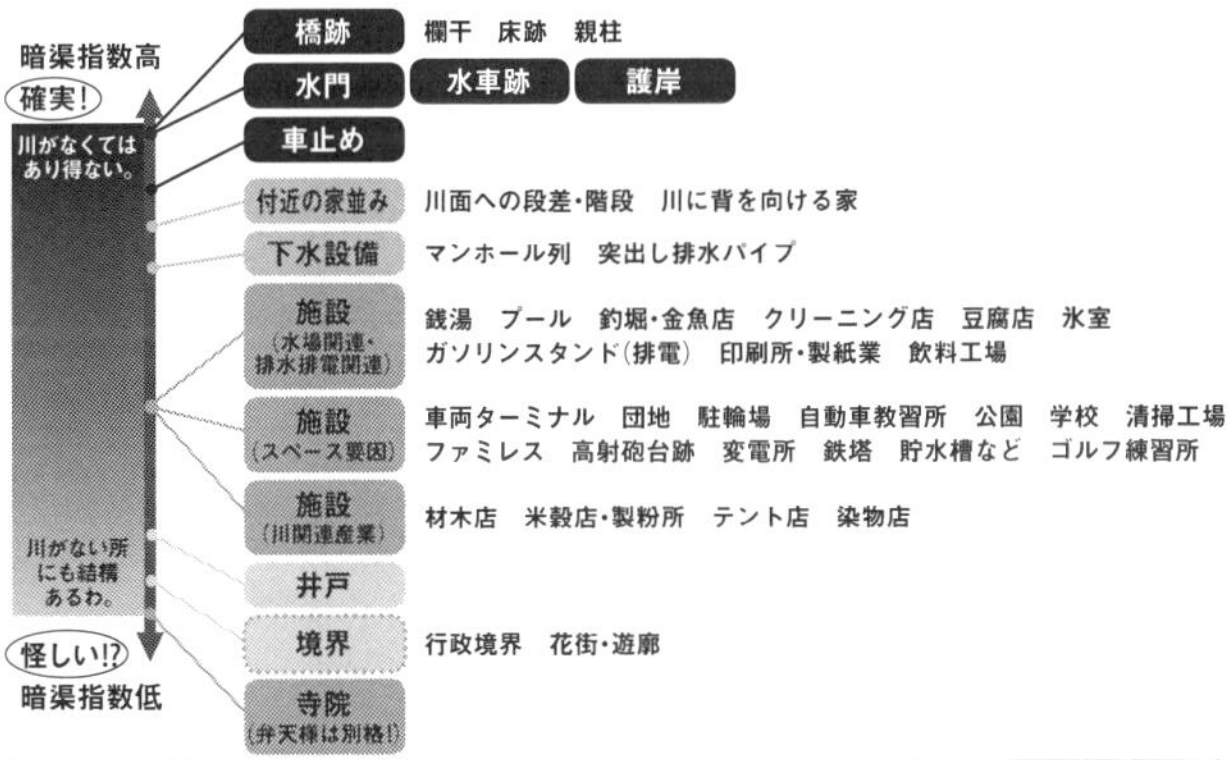

©lotus62 All Rights Reserved
作成にあたってはnamaさん、えいはちさん、俊六さん、Holiveさん、川俣晶さん、猫またぎさん、味噌maxさん、hikadaさん、ろっちさん、野村有俊さんのご協力をいただきました。

「暗渠サインランキングチャート」で見慣れた町の暗渠を見つけよう

キラと光り輝いて、「鑑賞すべきありがたい物件」に豹変する。

図では、いくつかの「暗渠サイン」を（あくまで私自身の感覚ではあるが）「そこが暗渠である確度」の高低によって位置づけしたものである。上にあればあるほど「そこが川跡であった」確率が高く、下にいくほど「他でも見られるが暗渠のそばに結構多い」ものとなる。

特にこれら暗渠サインのなかでも、鑑賞の対象として大いに暗渠マニアの耳目を集めるのはやはり図中「突出し排水パイプ」などの「下水設備」から上にランクされている物件たちだ。これらは、そこが暗渠であること、川跡であったことをほぼ確実に示す、いわば暗渠の「かけら」である。

　基本的に暗渠自体は地下にあるので見えないものだが、その存在を示唆するかけらが見えているとくれば、これに萌えないわけがない。もちろん物件自体の希少性も理由のひとつだが、それに輪をかけていいーい感じの「侘び寂び」状態であることが重要なファクターである。暗渠特有の湿気や、ほったらかされた経年劣化によって錆付き、苔むしたマンホール、パイプ、車止め……。それらはまるで普遍的な美を備える骨董品や、自然を巧みに取り込んで作り込まれた日本庭園のような味わい深さがある。

神田川の支流、小沢川に残る車止め。隣接する新築ビルとのコントラストも趣深い

　さらにこれらの物件は、暗渠という場自体の魅力を最大限に引き出していることも特筆すべきであろう。暗渠は一般的に「地味な小径」だ。そんなひっそりとした場所でこれら物件に向き合っていると、川の記憶とともに誰からも忘れ去られよ

うとしている暗渠という存在がたまらなく愛おしく思えてくる。
かねがね私は「誰もが心のなかに暗渠を抱えている」と唱えている。これらの物件に囲まれて暗渠の上に立っていると、いつの間にか「私のなかの暗渠」が共振しているのを感じざるを得ない。暗渠は儚く、哀しく、かつ美しいのだ。

さて、それでは「書を捨てて谷に出よう」ではないか。そこであなたは、どんな暗渠と出会い、どんな魅力に心の針が振れるだろうか。そして、あなたの心のなかにも暗渠を感じることはできるだろうか。

成城の町外れにある仙川の支流暗渠は、まるで古寺の庭のような佇まい（2014年には消滅）

参考文献：『「春の小川」はなぜ消えたか　渋谷川にみる都市河川の歴史』　田原光泰（2011／之潮）

エピソード15

暗渠に垣間見る〝昭和〟

——阿佐ヶ谷

吉村生

阿佐ヶ谷駅周辺に広がるやんわりとした窪地

東京都杉並区阿佐ヶ谷。阿佐ヶ谷である。ここにある地形は、「スリバチ」という表現から連想するそれとは、およそかけ離れているかもしれない。しかしスリバチ＝谷地形と言うならば、ここだってちょっとしたスリバチだ。

阿佐ヶ谷の名の由来は、「浅い」谷だとか、「葦《あし》」ヶ谷だとか諸説あるが、いずれにせよ川の流れる低地であったことを示す。JR阿佐ヶ谷駅の建つ場所なんて明治期以前は田圃のなかであり、用水路にタナゴが泳ぐような、実に長閑な風景が広がっていた。ここにある浅い谷をつくったのは、桃園川《ももぞのがわ》という小川。今は暗渠になっている。主たる水源は荻窪にかつてあった天沼弁天池《あまぬまべんてんいけ》であり、そこから阿佐ヶ谷、高円寺、中野と中央線付近をフラフラと東流《とうりゅう》し、神田川に注いでいた。

「階段」界で有名な階段もなければ、「坂」界で有名な坂もない。スリバチ等級でいえば、二級以下という地味な地形だ。しかしだからこそ、川周りの空間がひらけていて、たくさんの人がその地に関わった。そのため、魚が採れたとか、障子を洗ったとか、そんな話が流域のそこここに詰まっている。阿佐ヶ谷地区は桃園川本流が何流にもなって蛇行し、支流も多く合流してくる場所であるため、特にエピソードが多い。それらを集め、ひも解き、名残を感じながら、歩くことの至福。当時の新聞記事を中心に、昭和30〜40年代の世界から拾ってきたエピソードを、いくつか紹介しよう。

ノダさん、どこに？

昭和41年6月25日、夕方。阿佐谷南にて。シオノ君という小学4年生の男の子が、友だちと遊んだ帰りに桃園川の支流であるドブ川に転落してしまった。コンクリート製護岸の深さは1.2m、幅1m、水深60㎝。シオノ君は傷の痛みに耐え、助けを求め続けた。そこに通りかかったおじさんがシオノ君を助け、病院に担ぎ込む。シオノ君は10針も縫う手術をしたが、破傷風になる寸前で助かったという。おじさんは手術が済むまで見守っていたが、「私は神社裏のノダです」とだけ告げて立ち去り、母親が駆け付けた時にはすでに居なかった。シオノさん親子は「ノダさん」に是非とも礼を述べたいと探したものの、それと思しき馬橋稲荷《まばしいなり》神社裏には該当する人は住んでいない。新聞を使って人探しをする目的もあるのだろう、この新聞記事の題名は「〝ノダさん〟どこに」である（杉並新聞、昭和41年7月7日）。

現場の写真。当時のドブ川（左）と、今の暗渠みち（右）。右手の塀は馬橋稲荷神社のもの

シオノ君が落ちた理由には言及されていないが、どうも当時は、子どもが水路に架けられた切梁《きりぼり》（ケタ状のもの。ハシゴのように見えるので、暗

渠愛好者の間では、この形態をハシゴ式開渠《かいきょ》と呼ぶことが多い）を歩く遊びをすることがあったようで、足を踏み外して落ちた事例は他にも多い。その切梁の名残を、実は今でも見ることができる。

杉並区宮前。松庵川暗渠に残る切梁跡

地面がボコボコと突き出ているのが分かるだろうか（上写真）、これは川の名残なのである。筆者はこの形状のことを「ゆるアスファルト暗渠」（アスファルトがゆるいためにこうなったのではないかと勝手に思っている）と命名し愛でている。

ノダさんとシオノさん親子は、その後会えたのだろうか？

お手柄隣犬

舞台はやや上流に移る。天沼《あまぬま》と阿佐ヶ谷北の境目辺り。地元の人の記憶では、新松山橋の辺りで人が川に落ち、隣家の犬が吠えて知らせ助けたので、警察からご褒美の牛肉をいただいた、という事件があったらしい。当時の新聞を見てみると、たしかにそのことが載っていた。

昭和36年12月18日、夕方。60代男性が誤ってドブ川（桃園川のこと）に落ち、頭を打って昏倒。物音に反応し、目の前の家のスピッツ「ブチ」が吠えたてた。その声で近所の人が4人出てきて男性を助け、救急車で病院に運ぶ。4人は人命救助で表彰が上申され、ブチにもご褒美を考えたい、とのこと（杉並新聞、昭和36年12月21日）。同日の新聞には、井荻《いおぎ》にて予備校生が善《ぜん》福寺《ぷくじ》川に落ちた幼児を救助した話も載っているが、「スピッツお手柄」のタイトル字のほうが大きい。つまりこのとき人助けをした5人と1匹のうち、一番の英雄はブチだったというわけだ。

天沼2丁目に残るミニ橋。現役時も、板が渡されただけの名もなき橋

今は一見普通の商店街だが、この場所でスピッ

ツの鳴き声を想像してみるのもまた一興。それにしても、ブチに贈られた牛肉は、飼い主が失敬したりはしなかったかしら……？

新松山橋はもう無いけれど、橋跡が残っていることはときどきある。橋のみならず、暗渠沿いにはさまざまな事由で、古いものが残っていることがある。いくら町を表面的に整備してみても、隠しきれない昔の記憶。ひとり、それを見つけてはほくそ笑むのも、暗渠歩きの愉しみである。

川がつなぐもの

これは詳細が不明だが、阿佐ヶ谷に住む小学生が、あるときビンのなかに「このびんを拾った人は僕のところへお手紙をください」と、住所氏名を記した紙を入れ、桃園川に流したことがあるのだそうだ。すると、ある日月島の小学生から、手紙が届いたという。

推定するに昭和30年代であろうか。桃園川は、昭和の初めから汚水と洪水で悪名高くなっていた。おそらく、すでにだいぶ汚濁が進んでいたことだろう。しかしそのビンは飄々と桃園川を下り、神田川を下り、隅田川をどんぶらこ。そして月島の少年に拾われたのだ。

幻視してみてほしい。左の写真のところにはむかし、川が流れていた。その水は、海にまで続いていていた。阿佐ヶ谷の少年と月島の少年は、その水でつながったのだ。彼らの文通は、どのくらい続いたのだろう？

桃園川を上流から下流方向に向かって眺めたところ

川は、しばしば土地の境界となる。名残である暗渠も然り。しかし川は「分かつ」ばかりではなく、このように人と人をつなぐものでもある。川を埋めてできた暗渠は、もはや物理的に両岸の土地を分かつことはない。そればかりか、緩衝材となって土地をつなぎ、そして川だった時代の思い出と現在をつないでくれる。暗渠を歩くこととは、かような小さなものがたりたちを、あるいは昭和の記憶と自分を、つなぎ直す行為でもあるのではないか。

汚くて危ないという理由で、桃園川は昭和30年代後半に暗渠化されることとなった。数年かけ、荻窪から東中野までの各地で工事が進められる。「蓋が掛けられた」、ひと言で書かれることも多いが、そこにもたくさんのドラマがある。

例えば阿佐ヶ谷北。桃園川上を道路とする計画に対し、立ち退き期限を過ぎても下水の上にどっかりと動かない建物があることが、嘆かれている（杉並新聞、昭和33年4月13日）。しかしそこに住む人にとっては、大事な生活の場であったはずだ。今、その場所は道路になっている。どのような攻防がかつてあり、彼らはいったい、どこへ行ったのだろうか。

やや後の時期では、東京オリンピックに向け意気揚々、阿佐ヶ谷駅近辺の工事の様子が報告され、「早く下水ができて、くさい便所やきたないドブがなくなるとよいですね」（杉並新聞、昭和36年7月13日）。さらに、暗渠上にできた空間は、当時人口に対し公園が少なく危険な目に遭っていた子ども目線からの期待感満載で、「ドブ川転じて子どもの楽園になった。杉並区ご自慢の遊び場」（杉並新聞、昭和44年5月4日）とある。一方で、桃園川支流上に児童遊園を作る計画に対し、道路がなくなるからと反対する住民もいて（杉並新聞、昭和39年2月9日）……蓋がされるまさにそのとき、そのことを願う人、喜ぶ人、抵抗する人。暗渠化という事象自体も、流域の人々が織りなす大いなるものがたりだ。当の桃園川は、地上にあるときも地下に潜ってからも、粛粛と来たるものをすべて受け容れ、流し続けてきたに違いない。

高円寺南付近の暗渠化工事の様子（杉並新聞、昭和41年9月25日）

杉並は、関東大震災後に急ごしらえで発展した地だ。長いこと郊外のドイナカだったため、都心と違って江戸の名残はとても少ない。したがって、筆者が杉並の暗渠を通し、そこに見ているものは「昭和」であることが多い※。手を伸ばせば、届きそうな過去。しかしもう、取り戻せないもの。だからこそ、愛おしいものが「昭和」には含まれている。

ごく普通の、そこに住まう人々の、日々の小さなものがたり。筆者がこういったエピソードを集めてしまうのは、昭和の持つ大らかさやあたたかさに触れたくなるからなのかもしれない。ブチの話のように、昭和のある時期までは川と人が近く、また人と人も近かったのだろう。そして現在よりもだいぶ奔放な当時の筆致には、たとえネガティブな内容であっても、どこかに軽やかな可笑しさが含まれている。

タイムマシンに乗るように、現場へと赴く。もしかすると我々はそんなふうに、足裏に重層的にうごめく何かを感じ取りながら、自らの遠い記憶と響き合いながら、暗渠を歩くのではないだろうか。

道がクネクネと蛇行すること。下水道マンホールから聴こえるせせらぎ。足元の苔が放つ湿り気。我々を「川」に結びつけるサインは無数にある。水面を想像してみれば、そこに現れるのは田圃と麦畑、小魚、ホタル、あるいはドブ川、物干し竿に蚊帳、人々……スリバチを流れる、数多のものがたり。決して大河ではない、「ドブ」と呼ばれてばかりの桃園川だったが、そこに広がるたくさんの営みの、なんと豊かなことだろう。

スリバチの底には、必ず川（もしくは暗渠）がある。そこには人が集い、そこには必ず、ものがたりがある。

※東京の中小河川の埋立時期は、その背景とともにいくつかに分けられる。杉並区の場合、昭和30～40年のものが多い。

エピソード16

小盆地宇宙とスリバチ
——若菜町・鮫河橋谷

上野タケシ

ある建築家が「平野育ちの人間には、ノーベル賞は取れない。取る人は皆、谷間の育ちである」と発言していた。その人自身が平野の育ちなので、自分には取れないという意味もあったようだった。私は「ええっ、そんな馬鹿なことあるか」とその当時思った。しかし同時に、集落研究をしている彼ならではの発言であり、言いたいことはどこか分かるような気がしていた。

ソウルフードがあるように、「ソウル風景」があっても良いのではないかと思う。育った環境の持つ特性が、人間形成に何らかの影響を与えているのではないかと、ずっと考えてきた。風景はすでに文化によってデザインされていて、人の精神に影響を与えているのではないか。

スリバチ学会のフィールドワークに参加している私の興味は、まさにその「地形の違い

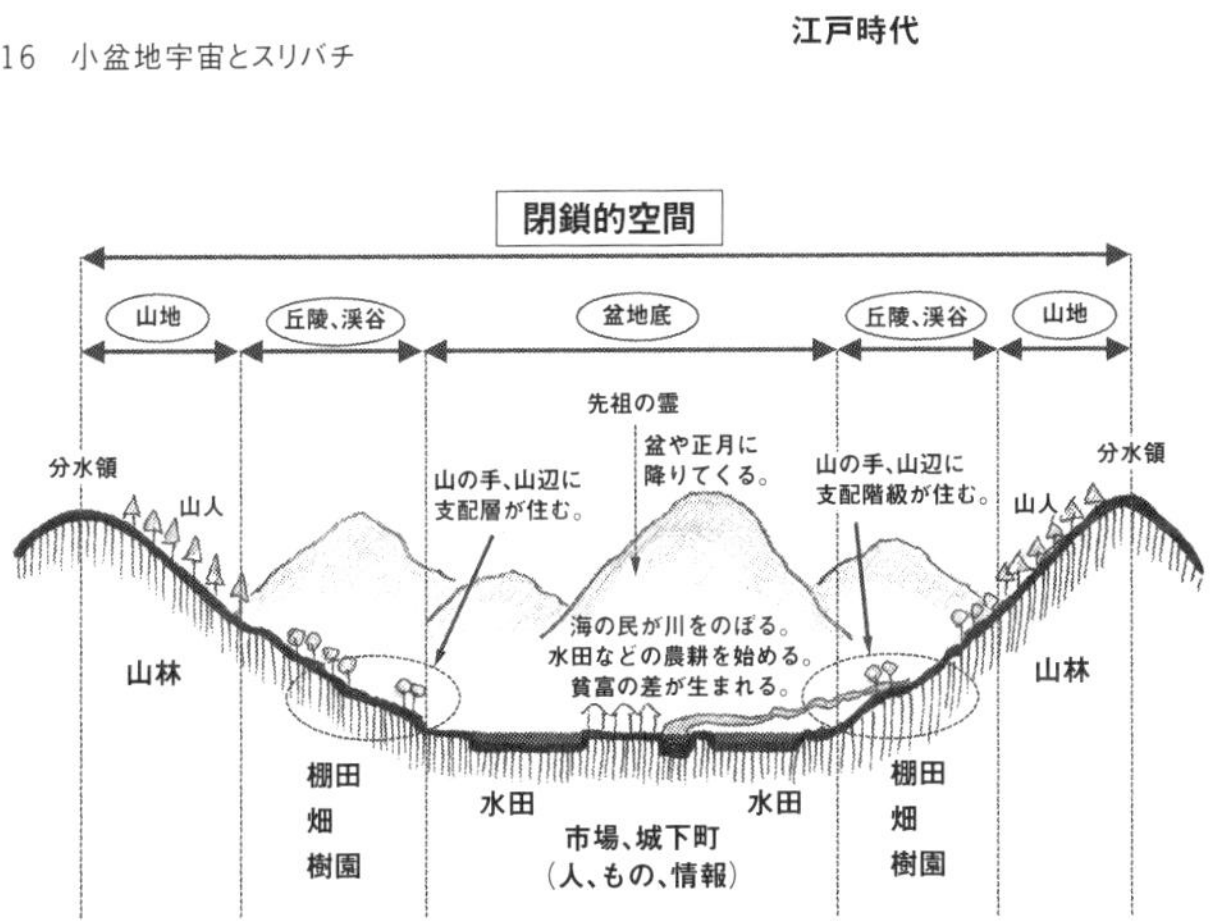

小盆地的宇宙・世界観の構成図

による人間形成とは何か」というところにある。ただ、〝ここで育つとこんな人間になる〟という単純なことではない。かつて、今のような地図や高い建物から自分のいたところを眺める、バーズアイ（鳥瞰図）のような視点がなかった時代があった。そんな時代には住み育った町の全景を見渡すのには、平野では難しく、地形的段差がある高いところからでしか無理だった。その自分のいたところを眺めるという行為が何かしら人間形成にかかわっていた。自分のいたところを複数の手段でわかる現在では、その影響は分かりづらいが、何かしらの頭の中にある世界観に影響を与えているのではないか。

日本人の好む景色のひとつに「小盆地」がある。小京都とも呼ばれる角館《かくのだて》や遠野《とおの》などが代表的な例だ。そこでは独自の文化が形成されることが多い。その現象を、文化人類学者の米山俊直さんは「小盆地宇宙」と名付け、『小盆地宇宙と日本文化』（岩波書店）のなかで次のように分析している。

小盆地宇宙の特徴

- 相対的にひとつの閉鎖空間を作っていて、そのため独自の歴史と文化伝統をもちやすい。山地、丘陵、渓谷、盆地底という地形的分類の地域を持ち、それぞれに対応した生活様式がある。
- 「盆地底」にひと、もの、情報が集まる拠点としての城下町や市場があり、その周囲に平坦な水田、外周の「丘陵」には棚田や畑や樹園、さらにその背後には山林と分水嶺につながる「山地」がある。

山の尾根で囲まれた盆地には、周囲の集落とは異なる独立した世界が自然にでき上がるというのである。

小盆地を流れる川を、海の民が遡っていって住み着き、そこで水田を作り農耕が始まる。

やがて貧富の差が生まれ、少し高くなった見通しの良い山の手や山の辺に支配層が住みはじめる（いわゆる庭園が多いのもこの辺り）。さらに上には畑があり山があり、猟師や炭焼きのような山人《やまびと》が住み、さらにその奥には「山上他界《さんじょうたかい》」した先祖の霊が住んでいる。そうして盆や正月には山の向こうから先祖が帰ってきて、川に流されて、海から山に戻ってゆく。その水の流れに沿った循環が人の心象や世界観の基礎になっている。その点においては、盆地育ちと平地育ちでは、まるで違った記憶を持っているのではないだろうか。

スリバチの小盆地宇宙を探して

東京に多く見られるスリバチ地形は、閉鎖空間を作り、独特な世界観を作り出すという点では、小盆地宇宙の特徴と酷似するところが多い。小盆地が小さな都市ひとつぐらいの大きさだとすれば、東京スリバチ地形はその縮小版、集落あるいは町ひとつぶんほどの大きさと考えてもらいたい。

では、夜の散歩で、たまたま迷い込んで面白いと思ったここ新宿区若葉町の谷町（鮫河《さめが》橋《はし》谷）を例として、その小盆地宇宙の特徴を見つけてみたいと思う。

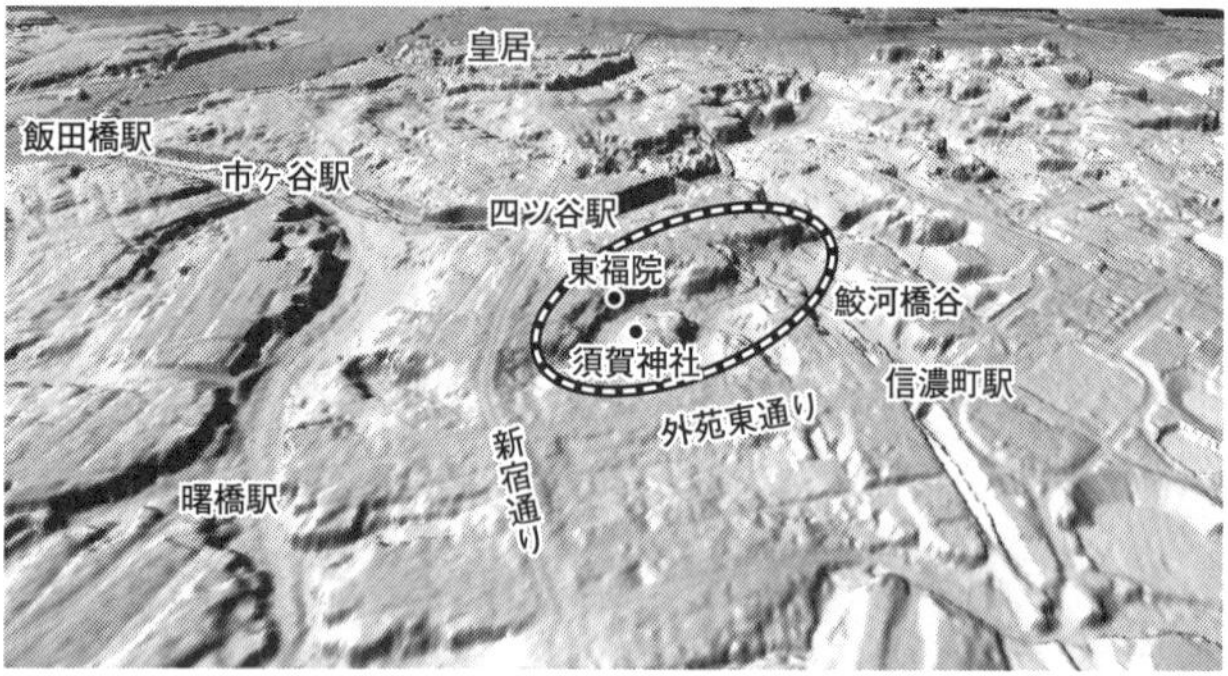

鮫河橋谷を西側より鳥瞰する

丸ノ内線の四谷三丁目駅から東、新宿通り（甲州街道）の津之守坂《つのかみざか》入口の交差点を南下して円通寺坂《えんつうじざか》へと入る。

この道は以前、赤坂川が流れていたところで、ぐにゃっと曲がりながら緩やかに下ってゆく。さらに進むと、この道は、谷底・盆地底で商店街となる。そこまでどんどん谷間に落ちていくのを感じられるのが心地良い。魚の小骨のような道が何本かこの道から派生しているが、そのほとんどが高低差によって行き止まりか階段になっている。そんな「小骨の道」のなかでも、東福院《とうふくいん》前の坂と対面する須賀《すが》神社の階段は対岸の坂道が見渡せて、地形が体感できるとても貴重で魅力的な場所だ。

東福院前の坂から須賀神社の階段を見る

須賀神社の階段から東福院前の坂を見る

この須賀神社は、もともとは稲荷神社として、今の赤坂一帯の一ツ木《ひとつぎ》村の鎮守で、清水谷にあったものだ。それが寛永11年に江戸城外堀普請のため、今の場所に移されて、四谷十八カ町の鎮守様となった。この地域の全体を眺められるとても良いところにあり、谷町にとっても重要な拠り所であるという感じを受ける。しかし残念ながら近年は、高い建物が増えてきて徐々に全体を見渡せなくなっている。

須賀神社から対面、東福院の西側に真英寺《しんえいじ》がある。そこから見える鮫河橋谷の風景は、小盆地的宇宙感が感じられるスリバチビューポイントとなっている。

左に上っていくと円通寺坂、右に下がっていくと商店街につながっていく

この新宿区若葉町のスリバチにも、小盆地との共通点を見いだすことができる。盆地底の川跡には商店街と低い一軒家が、斜面には苦労して建てられた低層住宅群があり、高台には現在の分水嶺となる高層の建物がある。いわゆる「スリバチの第一法則」である。

これはまさに、上記で述べた「それぞれの地形的特徴に対応した生活様式があり、盆地底には、ひと、もの、情報が集まる城下町や市場（ここでは商店街）がある」という構成になっている。高台の分水領となる高層の建物群で囲まれた閉鎖された世界ができていて、その向こうから先祖の霊なのか、現在それに代わる何かが、川跡という道路を流れていく閉ざされたなかでの循環が見えてくる、そんな小盆地的特徴がある。

狭く閉鎖されたところには、独自の文化があり、その町で

真英寺から鮫河橋谷を見る。通りから15mほど上がったところに墓地があり、さらにスリバチ状に建物が取り囲む。奥に見える高い建物は新宿通りの高層ビルで、現在の分水嶺となっている

育った人間がある日、丘の上から眺めることによって、自分の育ったところが実は狭く、その向こうには別の世界があることに感動する。他の世界と比べ、自分を客観的に捉えやすくなる。そしてやがてもっと向こうの世界に行ったときに、その体験による世界観が様々な事象を捉える物差しになるのではないか。「平野や谷間の育ちとノーベル賞」に言及した建築家が言いたかったのは、そんなことだと私は思っている。

エピソード17

幽霊はスリバチに出る

――谷中三崎町、池之端2丁目、高田1丁目、十二社通り

中川寛子

我らがスリバチ学会会長は「谷に集まるのはムーミンだけではない」と書いた（エピソード2）。人もまたスリバチにある商店街に惹きつけられるのだと。しかし、スリバチに集まるのは生きているものだけではない。すでにこの世にあらざるものたちもまた集まってくる。

最初に気がついたのは日本三大怪談噺として知られる、『怪談牡丹灯籠《ぼたんどうろう》』である。萩原新三郎《はぎわらしんざぶろう》という若い美男子の家に、亀戸の臥竜梅《がりゅうばい》見物の際にお互い一目惚れした美女お露が、駒下駄をからんころん鳴らしてやってくる場面で知られている話だが、お露が住んでいたのは谷中三崎《さんさき》町。地名は谷中、駒込、田端の3つの高台に因むと言われており、藍染川が作った谷の底にあった町で、現在、町名としては残されていないものの、その名を冠した三崎坂は谷中霊園から不忍通りの団子坂交差点に向かう坂で、谷中の東西のメインストリートである。

不忍通りを挟んで向かい合う本郷台、上野台。幽霊は牡丹燈籠を持って上野台から三崎坂を下って、恋しい男の元に通っていた

坂の両側には『牡丹燈籠』の作者三遊亭圓朝の墓所がある全生庵《ぜんしょうあん》をはじめとした寺社が並び、現在でも不忍通りから坂の途中まで続く商店街を除けば、さほどには人通りのない場所である。当然、圓朝の生きた明治の頃にはもっと寂しく、夜ともなれば駒下駄の音のみが遠くまで響く場所であったのだろう。

お露は毎夜、女中のお米を連れて、新三郎の家を訪れるのだが、この新三郎の家があったのは根津清水谷である。現在の文京区根津1丁目から根津神社を除いたエリアは、1965年まで清水《しみず》町という地名であった。おそらくこの辺りに新三郎宅があったのだと思われるが、ここもまた、東西の台地に挟まれたスリバチの町だ。

三崎町からなら数百mというところだろうか。不忍通りが整備される以前の話だから、お露はおそらく下駄の音を響かせながら、まだ暗渠となる前の藍染川沿いを歩き、新三郎宅を訪ねたのであろう。川の蛇行に沿って、牡丹の花がぼおっと浮かぶ灯籠が右に左に揺れながら近づいてくる光景を想像すると、「あやかし」という単語が脳裏に浮かんでくるというものだ。

三崎坂は、団子坂下から谷中小学校を過ぎた辺りまでは著名な老舗など、商店もあるが、全生庵(写真左手)辺りはほとんどが寺社ばかりとなる

やがて、お露がすでにこの世の人でないことに気づいた新三郎は、家の隙間という隙間にお札を貼って、彼女を防ごうとするが、萩原家の下男伴蔵・お峰夫婦が幽霊に買収され、そのお札を剥がした上に、守りの仏像を石にすり替えたため、新三郎はお露に取り殺され、あえない最期を遂げる。

というところまでが一般に知られている話なのだが、実は、『牡丹燈籠』はこの前にも後にも下男夫婦の因縁話など複数のエピソードが盛り込まれた、長い長い怪談である。

面白いのは伴蔵、お峰の物語のフィナーレが、利根川、中川、権現堂川《ごんげんどう》という3つの川に囲まれた低地、日光街道の宿場町栗橋《くりはし》(現久喜市)で起こるということ。栗橋は加須《かぞ》低地のど真ん中で、殺人が行われるのは幸手《さって》堤。ドラマは湿っぽい土地で起こるのである。

実際、怪談噺、特に圓朝の噺は湿っぽい場所が舞台になっているものが多数ある。『牡丹燈籠』同様、『真景累ヶ淵《しんけいかさねがふち》』は落語だけでなく、歌舞伎などでもしばしば取り上げられる大作だが、この話も萩原新三郎が住んでいた根津清水谷の隣町、池之端七軒町というスリバチの町で始まる。清水谷の南、不忍池の手前で現在の台東区池之端2丁目にあたり、東は上野公園、西は東京大学に挟まれた谷間。この地にあった長屋で鍼医《はりい》皆川宗悦が殺されたことが発端になり、被害者、加害者双方の子孫に様々な因縁が絡み、物語が展開していくのである。

なかでも寄席でよくかかるのが「豊志賀《とよしが》の死」という、宗悦の娘で男嫌いとして知られた39歳の富本節《とみもとぶし》の師匠豊志賀が、21歳の煙草屋新吉といい仲になるものの、若い弟子のお久と新吉ができているのではないかと疑った挙句に病死するという暗い話。当時の言葉で言えば大年増の豊志賀の、やがて猜疑心に変わる若い男への恋心がじっとり湿っぽく描かれ、池の近く、谷間の町の物語に相応しい。

現在の池之端は不忍通り沿いに高層マンションが建ち並び、近代的な景観。裏通りに入ればいくつかの寺社は残されているが、往時の面影を偲ぶことは難しい

『怪談乳房榎《ちぶさえのき》』も舞台はスリバチである。

妻を寝取られた挙句、殺される絵師菱川重信が天井画を描いたとされるのは豊島区高田1丁目19番6号にある南蔵院《なんぞういん》という真言宗の寺だが、目白の台地から神田川を下りきった辺りにあり、そこから神田川沿いは砂利場だったという。また、重信が暗殺の意図で呼び出されるのは落合の田島橋。神田川と妙正寺川《みょうしょうじ》が落ち合うから落合というわけで、南蔵院からは1kmほど。高田馬場駅の北西にあるさかえ通りという飲み屋街を抜け、神田川沿いをほんの少し歩いたところにあり、今は昼夜を問わず学生の姿を見かける場所だが、往時は蛍の飛び交う田園だったわけだ。

田島橋から見た神田川とさかえ通り商店街。南蔵院は江戸の西の果てとされており、つまり、往時のこの場所は郊外ということになる。現在はリトル・ヤンゴンとも呼ばれるミャンマー人が多く集まるエリア

重信が殺された後、子の真与太郎《まよたろう》はじいやの正介に殺されそうになるが、舞台となるのは新宿のスリバチ、十二社《じゅうにそう》である。ここでもすでに地名は消失しているが、かすかに通りにその名を残している。新宿中央公園の西側を走る十二社通りである。新宿中央公園の向かいにはかつて池があり、滝があり、江戸の景勝地であった。作られたのは慶長年間（1596〜1615年）と伝えられており、享保年間（1716〜1735年）以降には料亭、茶屋が並ぶ観光地として栄えたが、昭和43年に新宿副都心開発の影響で埋め

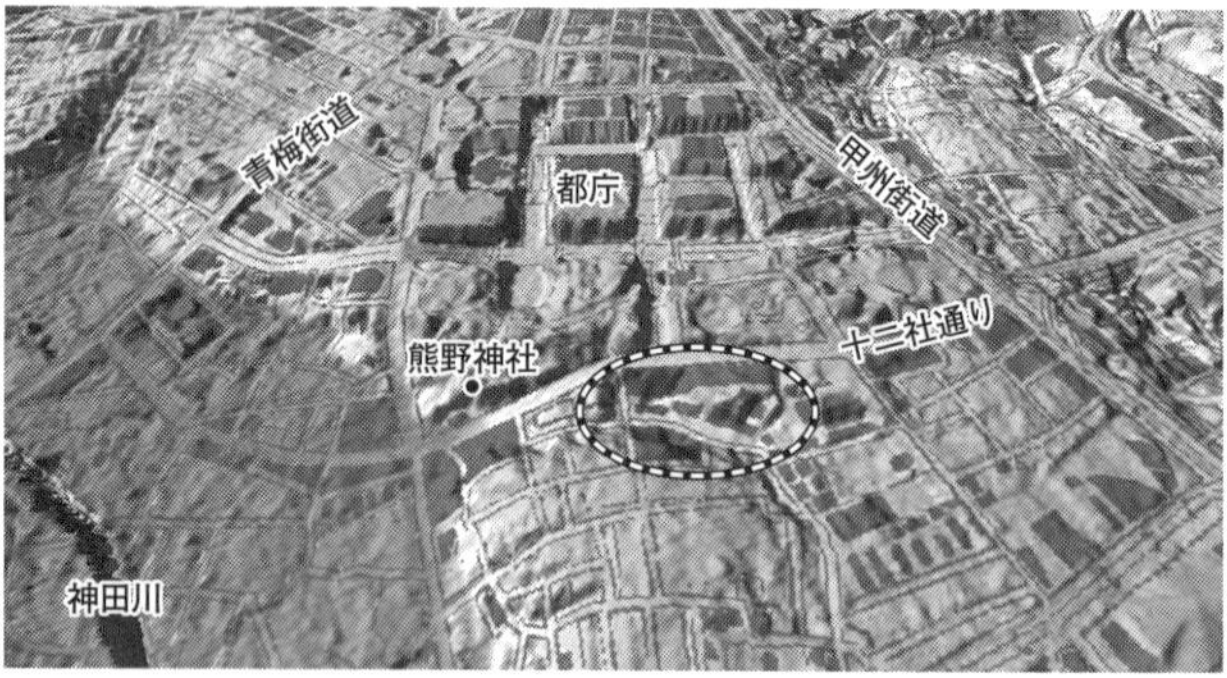

新宿中央公園の東側には南から北の神田川に向かって谷が伸び、この地形を利用して池、滝などが設けられていた

立てられたという。現在、中央公園のなかに鎮座する熊野神社とこの地は十二社通りで隔てられているが、当時は一体となっており、人工のものも含めて、境内には滝がいくつか流れていた。なかには落差9mにも及ぶものもあり、轟くほどの瀑音だったというから、殺人の舞台としてはちょうど良かったのであろう。

ちなみに、三大怪談噺のあとふたつ、『四谷怪談』、『番町皿屋敷』でも、水は舞台に欠かせない。四谷怪談は貞女《ていじょ》・お岩が夫の伊右衛門に惨殺され、幽霊となって復讐を果たすというのがベーシックなストーリーだが、種々に改変されたものが存在しており、そのうちでも知られているのが鶴屋南北による『東海道四谷怪談』だろう。この話でもっともおどろおどろしいのは、砂村隠亡堀《すなむらおんぼうぼり》（現在の江東区横十間川親水公園《よこじっけんがわしんすいこうえん》の岩井橋の辺り）の「戸板返し」の場面。死者ふたりが打ちつけれた戸板を掘割《ほりわり》で釣りをしていた主人公田宮伊右衛門が見つけて、その執念に驚くのだが、戸板を返した瞬間のひやっとする感覚はやはり水があってのもの。そして、『皿屋敷』。これも全国各地にいろいろなバリエーションの物語が伝わっているが、共通するのは井戸。やはり、水である。

圓朝の場合は自身も池之端の近くで育ち、没したのも下谷車坂町《したやくるまざか》（現在の台東区東上野3丁目）。下町の湿っぽい場所で人生を過ごした人で、スリバチの路地のひんやりした静かな雰囲気をよく知り尽くしていた。だからこそ、肌身にまとわりつくような情念の発露の場として水のある土地、そしてスリバチを選んだに違いない。

人のいろいろな感情はスリバチのなかで増幅され、時として爆発する。いつも静かな場所で爆発が起これば、振れ幅が大きい分、ドラマになる。そう考えると、スリバチはドラマが似合う場所なのかもしれない。

エピソード18

地形で楽しむ不動産チラシ

三土たつお

不動産のチラシを集めている。もともとは引っ越しをするための参考にと思って集め始めたのだが、だんだんチラシを見ることそのものが楽しくなってきた。不動産チラシの楽しみ方を、3点ご紹介しよう。

ひとつ目の楽しみは空撮写真だ。不動産の広告、ことに新築分譲マンションのチラシには、現地周辺図として非常にきれいな空撮写真が載っていることが多い。

写真には、物件そのものの位置や、周辺の駅や公園の場所が分かりやすく示されている。街をこんなふうに俯瞰で眺める機会というのはそうないから、チラシにこういう空撮写真が載っていると、まるで架空の展望台にでも登ったような気分で街のすみずみまで眺めてしまう。高級感を出すために物件や主要な道路がぴかぴかに光っていたり、公園の緑色が

こういう写真です

濃く加工されていたりするので、実は純粋な空撮写真というわけではないのだが、それはそれで面白い。

楽しみのふたつ目は、あらゆる手段を使ってその物件の価値を訴えようとする、その手法を堪能することだ。主要駅へのアクセスの利便性、周辺の施設、緑の多さ、その地の文化、建物自体の施設など、その観点は多岐にわたる。そして、それらを入居希望者に届けるための広告コピーも、独特の文法世界を形成していて面白い。今では「マンションポエム」とも呼ばれているが、たとえば「いま、歴史を紡ぎ、プレミアムを纏い、洗練の高みへ。」など、独特で秀逸なものばかりだ。

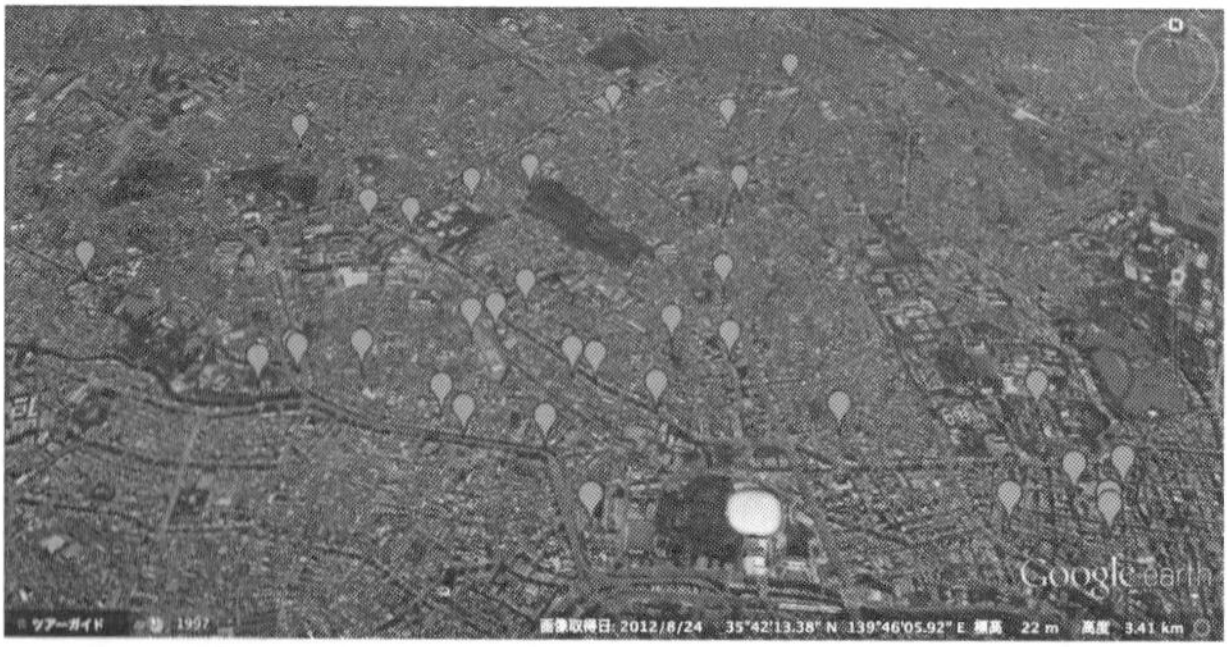

マンションの分布(Google earthのキャプチャー)

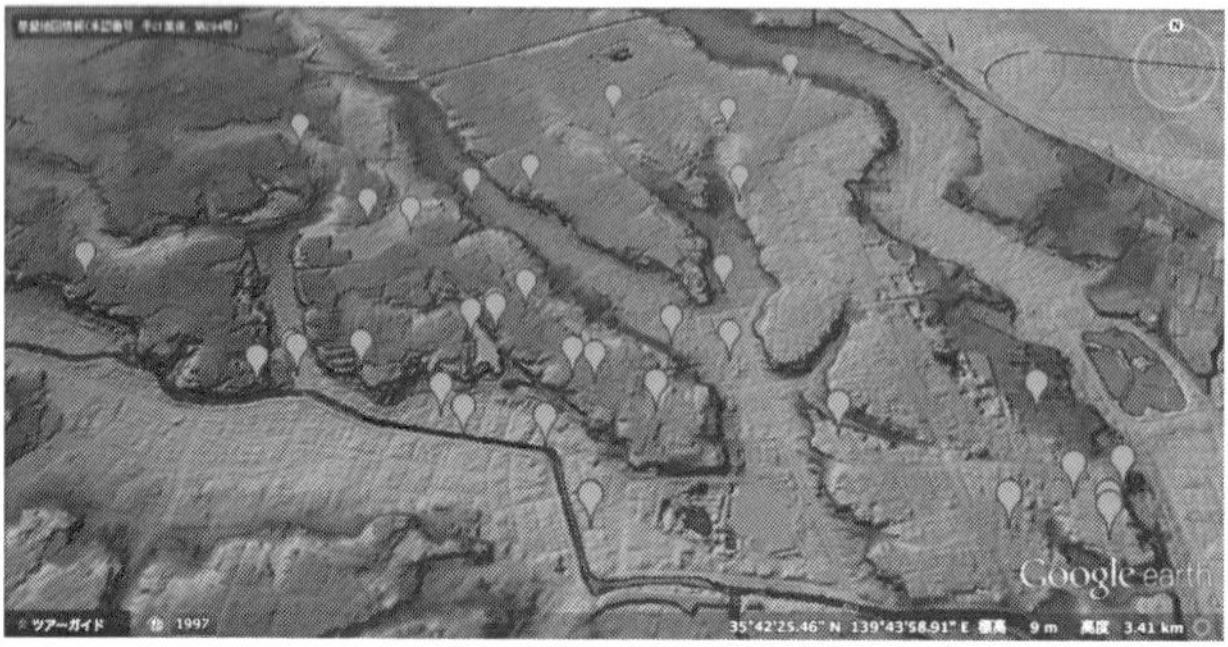

地形図に重ね合わせた(東京地形地図によるKMLデータをGoogle Earth上に表示したものをキャプチャー)

そして3つ目が「地形」だ。その物件の価値を高めるための観点として非常に大きな意味を持つのが、実は地形である。思うに不動産業界というのは、スリバチ学会の次くらいに普段から地形を意識しているふしがある。具体的に見てみよう。

右ページの上の図は、東京都文京区でここ5年以内（2013年時点）に建てられた分譲マンションのうち、ネットで検索できた35件の分布である。

一見なにげなくちらばっているようだが、これを地形図に重ねてみるとこうなる（右ページの下の図）。

文京区は高台と低地がまんべんなく広がる、坂の多い街だ。しかし、これらの不動産物件は高台に集中しているように見える。

確認のために、物件の標高の分布をヒストグラムで表してみた（上図）。

縦軸は物件数、横軸は標高を示している。明らかに高い場所に集中していて、つまりマンションは高台に建っていることが分かる。

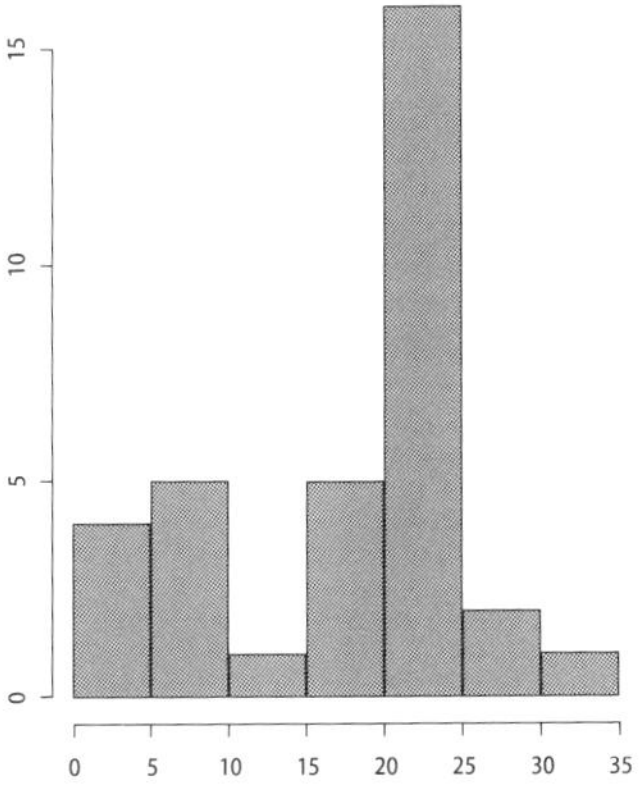

標高20〜25mの物件が飛び抜けて多い

スリバチの第一法則（台地の上には高層住宅、台地の下には低層住宅が建ち、起伏が強調される）そのものだ。文京区の標高は、最低地点が約4m、最高地点が約30mである。その中で、物件は10m以下の低地と、20m以上の高台に偏っていて、10〜15mのものは多くない。なぜかというと、文京区の場合、その高さはちょうど急な坂道か崖にあたるからだ。

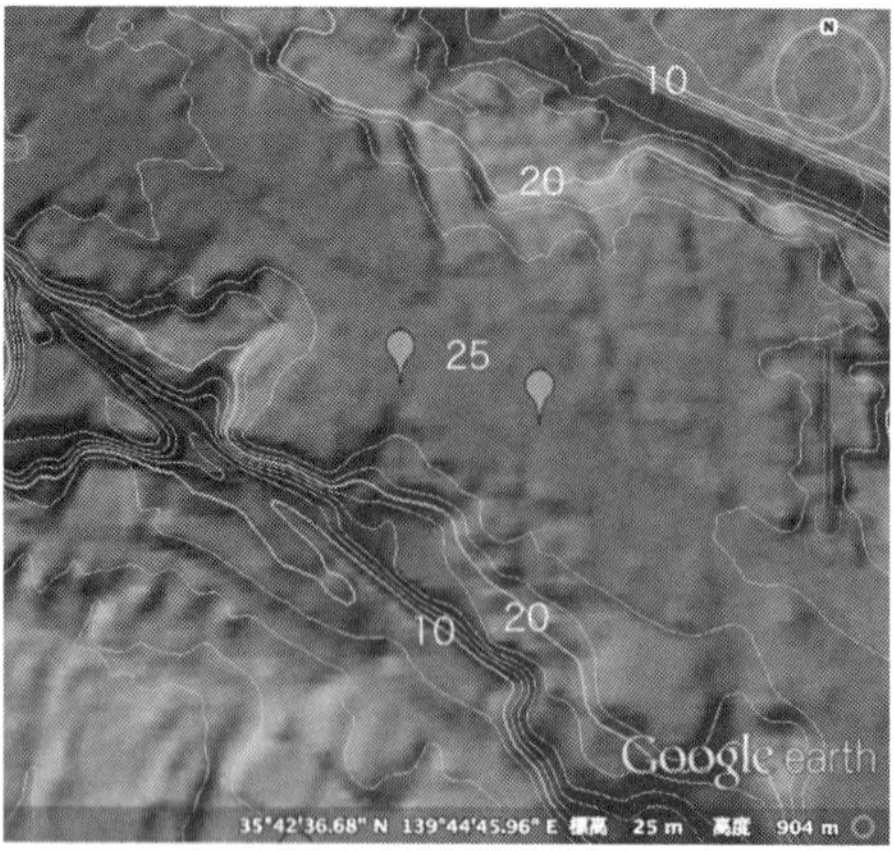

分かりやすいように、等高線と標高の数字を添えたのが上の図である。

中央の2つのマークはマンションで、その周辺は標高25mの高台だ。一方でその手前と奥は、10mの標高差がある急な傾斜となっているのが分かる。こんなところに確かにマンションは建たないだろう。そんなわけで文京区の場合、低地には少数の、中間は飛ばして、高台には多数のマンション

新宿区の物件

が建っているというわけだ。

ではなぜ高台なのか。その理由はこれまでもスリバチの第一法則の説明として本書の中でも語られているが、ここでは不動産のチラシそのものに語ってもらおうと思う。チラシでは高台の魅力をどう伝えているのか。

上の図は高台の模式図だ。こんなふうに地形が図解されることはよくある。コピーにはこうある。「強固で安定した地盤をもつ武蔵野台地。（当該物件名）は、その東端の高台に誕生します」。つまり高台の魅力のひとつは地盤だ。低地の軟らかい沖積層の上ではなく、高台の固い洪積層の上に建っているということがアピールになるのである。

文京区の物件

高台の魅力のふたつめは眺望だ。上の図にある文京区の物件では、まるでマンション自身が「ＷＩＤＥ ＶＩＥＷ」と叫んでいるかのようにも見え、可愛らしいところが気に入っている。高台は、特にそこが崖際《ぎわ》なら低層階でもよい眺望が期待できる。やはり見晴らしのいい高台で暮らすのは気分がいいものだろう。その他、液状化や水害の心配が低いこともチラシではよく謳われるようだ。

このように魅力的な高台だが、逆に言うと低地に立地するマンションはあまりそのことをアピールしたくない、というよりむしろそのイメージを払拭したい場合がある。次ページの図は台東区谷中の物件のものである。

古石神井川の谷に由来する谷中には、確かに低地のイメージがある。それを払拭するため、チラシでは海に近い月島駅を持ち出し、もっと低い場所があり、こっちはむしろ小高いのだと言っている。ブランドイメージのある谷中であっても、このような苦労があるのだ。

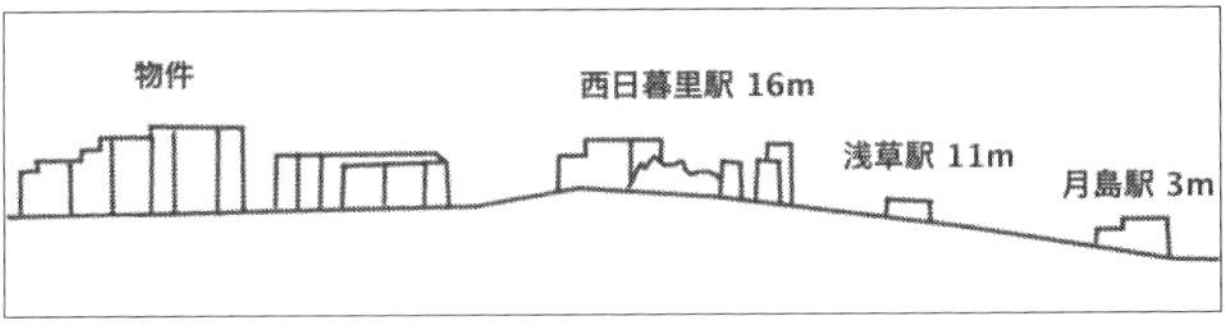

台東区谷中の物件の案内図を模写したもの

こんなふうに不動産のチラシにはいろいろな魅力があり、見ていて飽きない。家の郵便受けにあまり興味のないチラシが入り込んでいても、むげに捨てる前にぜひ一読してみてほしい。意外な面白さが発見できるかもしれない。

エピソード19

人の目を通して感じる東京

——新宿・思い出横丁、広尾・六本木

浦島茂世

　地形の起伏に富んでいると言われる東京。そのダイナミックさを体感したくて意気揚々と町へと飛び出しても、ちまちました歩幅、せこせこしたスピードでは、その雄大さを実感することはなかなか難しい。しかも人間の体とはよくできたもので、急な坂であっても歩いていくうちに体が慣れ、いつのまにか普通の平坦路を歩いているような感覚に陥っているものだ。

　だから、東京の地形の変化を敏感に、そして即座に感じたいときは、より強く感じさせてくれる仕組みや装置を利用するのもいいだろう。例えば自転車に乗って東京をさまよってみるのだ。自転車は地形の変化を増幅して人体に伝えてくれる便利な装置だ。上り坂になればペダルがきつくなるし、下り坂になればスピードが勝手に出る。突如現れる階段に対して、徒歩のときはそれほど感じなかった理不尽さを感じるようになる。その地形の変化は「しんどいから坂道を避けて楽して走りたい」という欲求や、「どうしてここに階段が存在するのか？」という疑問を人体にもたらし、そのことが東京の地形への探求、興味につながっていく。皆川会長が紹介していた「地形鉄」（エピソード6）とともにぜひ試してみていただきたい。

アウトドアが基本のスリバチ地形探索だが、体力に自信がないときや、雨の日などは、自室にこもってインドアで楽しむ方法を、地図を眺めるという基本以外に紹介したい。それは、写真集や画集のなかの地形を眺めることだ。

そこに記録されている東京の地形は、ありのままの姿はとっておらず、他人の目や感覚というフィルターを通してアウトプットされたもので、現実の地形とは微妙なズレがある。このズレを感じる力があればあるほど、家のなかでも地形探索を楽しめるようになる。散策中に、自分の感性の上をするりと通り抜けていった地形の微妙な変化も、芸術家や写真家という他人の創造物のなかでは大きく表出されていることもある。そこから気づかされることも多いのだ。

パラレリズモ　思い出横丁

例えば、鈴木知之が発表している『Parallelismo（パラレリズモ）』の連作。建築学を専攻した後に写真家に転向した彼が創り出すのは、東京のみならず、世界各国の町並みを真横から大胆に切り取った写真作品だ。道路を移動しながら数十回にわたってシャッターを切り、それを一枚にまとめた写真は、従来のパノラマ写真とは違い、フラットな視点のなかにいきいきとした建物と道、町の表情が映し出されている。そして、ときには激しく、ときには緩やかに、地形の動きが捉えられている。

そのひとつが新宿区の思い出横丁だ。新宿駅西口、大通り沿いにある小さな入り口とは裏腹に、一歩足を踏み入れてみると細い路地に飲み屋がひしめく、なんとも猥雑で、そして心惹かれる横丁だ。作品にはそのにぎわいが幻想的な形で描き出されている。しかしこの作品を、特に地面部分のみに注

『Parallelismo（パラレリズモ）』思い出横丁／鈴木知之
＊カラーで高解像度のものは「ナショナルジオグラフィック／鈴木知之」で検索してご覧ください

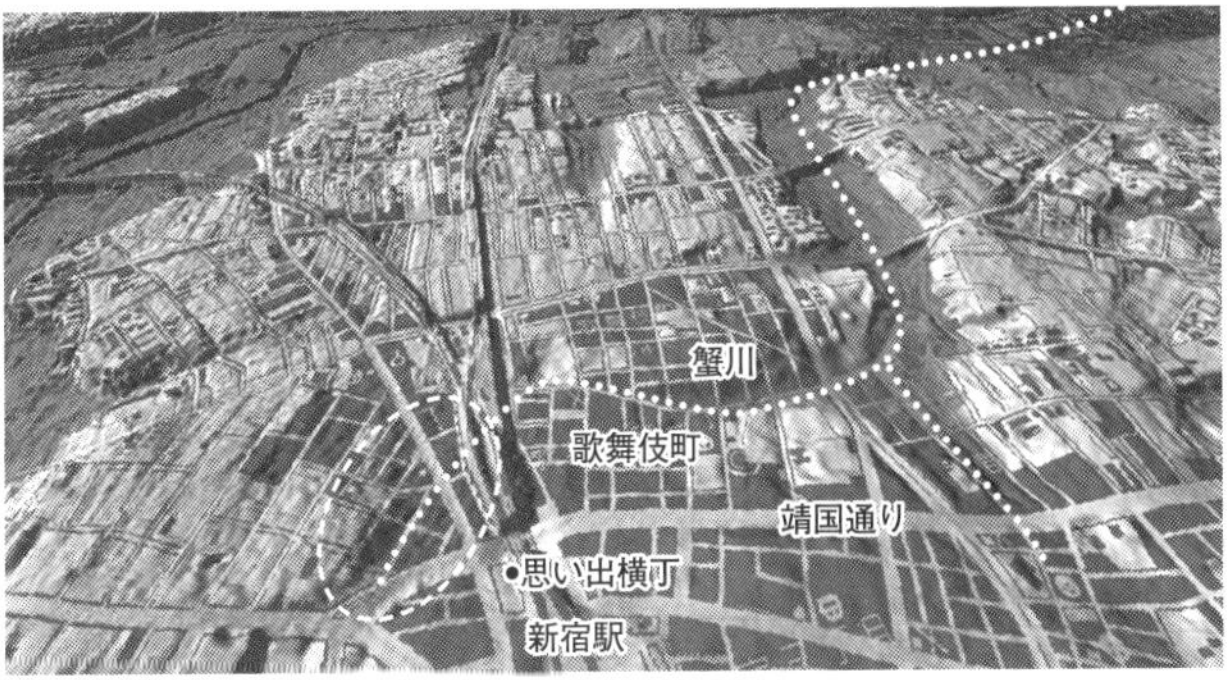

歌舞伎町や思い出横丁は、蟹川が刻んだ窪みの中にある

目して見ていくと、この横丁が新宿駅（左）側から歌舞伎町（右）の窪地に向けて下る勾配の途中に存在していることがわかるはずだ。

　この勾配の正体は、神田川の一支流である蟹川《かにかわ》（金川・可仁川と書くこともある）の流れが刻んだもの。「スリバチコードの謎を解け（39ページ）」にも記載されている通り、蟹川は古くは思い出横丁や西武新宿駅辺りから、新宿の盛り場を縦断する形で流れ、戸山を経由して神田川へ注いでいた。鈴木の作品には、町が生まれるはるか前の歴史までもが写し込まれているのだ。

東京圖　広尾 - 六本木

六本木ヒルズのおみやげグッズにも使用されている山口晃の『東京圖《ず》　広尾 - 六本木』は、洛中洛外図（室町時代から江戸時代にかけて制作された京都の市街［洛中］や郊外［洛外］を俯瞰して描いた絵）のスタイルで六本木ヒルズとその周辺を描き出している。日本古来から伝わる大和絵の画風で、緻密に、ときにはおおらかに町や人々を描く彼の作品を好む人も多い。２００２年発表のこの作品には、ミッドタウンも、国立新美術館の姿もまだない。わずか15年ほどの間に、すでに六本木の姿は大きく変貌し、歴史的な史料としても読み解くことができる作品にもなっているのだ。

そして、大空から東京を見つめたこの絵には、詳細に、そして色鮮やかに建物や人間が描き込まれているだけでなく、麻布や広尾から六本木までのダイナミックにかけのぼる地形の描写も見て取ることができる。画面中央を大きく横切っている高速道路の橋脚《きょうきゃく》は、よく見てみると一本ずつ、その長さを変えている。この長さの変化こそ、地形の変化の表出

「東京圖　広尾 - 六本木」(2002／紙にペン、水彩／73.5×65.5cm／撮影：木奥恵三／所蔵：森美術館)
©YAMAGUCHI Akira, Courtesy Mizuma Art Gallery
※カラーで高解像度のものは、Mizuma Art GalleryのHPでご覧ください

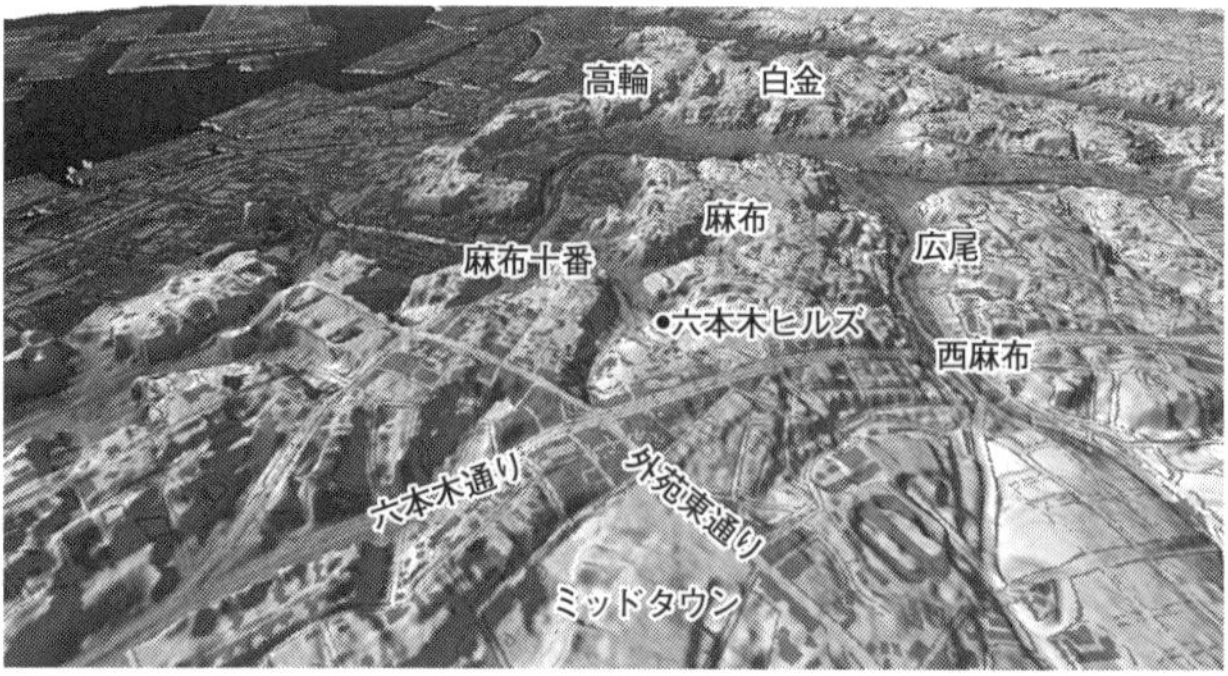

六本木交差点を頂点として、周辺にはスリバチ状の窪地が多く点在している

に他ならない。芋洗坂や乃木坂など、キーとなる坂道も丁寧に名前付きで描かれている。また、麻布から広尾周辺には低層高密度な町並みが見え、六本木の台地の上には、高い建造物が並ぶ、いわゆる「スリバチ第一法則」が発動していることも把握できる。

山口は東京の大地を覆う建物には現実と幻想を交えながらも、その下の地形については、事実を非常に忠実に描写している。だから、私たちは安心して、彼の手のひらの上で妄想に浸ることができるのだ。

ここで紹介したふたつの作品は、地形を真横と上空から切り取ったものだったが、地形を楽しめるものはジャンルを問わずまだまだある。まずはそういった地形的観点で美術作品を見てみよう。地形が見えなくても、屋根の高さや影の向きなど、地形を感じるヒントは画面の至るところに散らばっている。「書を捨て谷に出た」後は、また書店で美術書や写真集を購入し、自室でのんびりと地形を楽しむのも一興だ。

麻布がま池周辺の窪地越しに、六本木ヒルズのある台地を眺める。台地の起伏に呼応した町並の違いがよくわかる

エピソード20

「人工スリバチ」の因縁

――ららポートTOKYO-BAY

大山顕

ぼくは団地や工場、ジャンクションといった土木構造物を愛で写真に撮っている。いわゆる風光明媚と称されるような、自然豊かな風景にはあまり興味がなく、もっぱら都市の光景、それも様々なままならない事情によりきれいに整えることができなかったものに心惹かれる人間だ。

そんなぼくが地形好きでもあるというと、意外に思われるかもしれない。地形はいわば大自然の代表のようなものだから。しかし、地面の凹凸こそ「ままならなさ」の最たるものので、これほど都市の人工的な事物に影響を与えているものもないのだ。とくに土木構造物はその規模が大きいので、地形の影響を受けやすい。この「ままならなさ」とどう折り合ったか、という結果が都市の風景でありぼくはそれを愛おしく思う、というわけだ。

だから、スリバチ学会の地形を楽しむスタンスはとても趣味に合う。地形趣味ってともすると安易な都市化批判（かつてのせせらぎが暗渠化されたのを嘆く、というような）になりがちなのだが、皆川会長をはじめ学会員のみなさんたら「暗渠になってくれたおかげで流れの上を歩ける！」って喜んじゃったりする手合いばかりなのだ。すてきだ。

しかし皆川会長でも「人工のスリバチ」にはまだ触れていらっしゃらない。エピソード5の「整形されたスリバチ」で自然の谷地形に手が加えられた事例について書いておられるが、完全なる人工の地形についてはまだ論じていない。ぼくはひとつそれにチャレンジしてみよう。

舞台は千葉県船橋市。ぼくの育ったこの町にあるショッピングモール「ららぽーとTOKYO-BAY（旧：ららぽーと船橋ショッピングセンター）」にある「地形」についてお話ししよう。

船橋出身の現在40歳前後の人間は「ららぽーと」に思い出のひとつやふたつを必ず持っていると思う。ららぽーと船橋は１９８１年にオープンし、自動車でのアクセスを前提にしたショッピングモールとしては最初期のもの。ぼくは中学生の頃よく行った。親に連れられてその他、甘酸っぱい思い出もある。巨大迷路があって（今はもうない）そこでね……。

©2016 Google.ZENRIN 画像 ©2016 Cnes/Spot Image, Digital Earth Technology, DigitalGlobe に加筆

いやまあいいや。この話はまた別の機会に。

すでに30年以上の歴史を持つららぽーとには、今大人になってあらためてじっくり見ると面白いことがたくさんある。そのなかのひとつが駐車場わきの道路だ。

上の航空写真で線で囲った部分がそれだ。駐車場の一部はテニスコートになっている。東関道を挟んで北にららぽーとがあり、すぐ東にあるのはＩＫＥＡ。その先に南船橋駅。船橋競馬場に加えオートレース場もあるという埋め立て地だ。

この道はなぜ曲がっているのだろう。地形好きの方々なら町にある魅力的な曲線道路の多くが河川由来だということはご存じだろう。しかしここは埋め立て地なのでそれはありえない。同時に、酔狂で道を曲げたというわけでもないのだ。よく見るとこの曲線のおかげで周辺に利用しづらい「ヘタ地」が発生していることが分かると思う。なにか「ままならない」理由がなければこういうことは起きないはずだ。

河川ではありえない、と言ったが驚いたことに地形図を見ると、ここにはあたかもかつて流れがあったかのような微地形の「スリバチ」があるではないか。

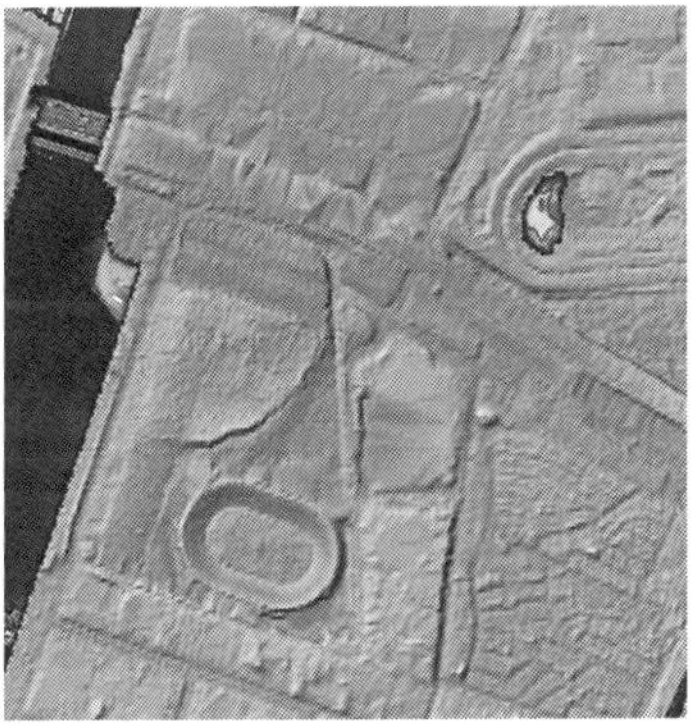

「東京地形地図」をGoogle Earthで表示したものをキャプチャ

こうして見るとオートレース場のサーキットの人工地形もすごいが、ここでの問題はあくまで右ページの航空写真にあった曲線道路の部分だ。いったいこれはなんなのか。ためしに国土地理院の「地理院地図」で同じ場所の過去の航空写真を見てみた。そうしたらびっくり！

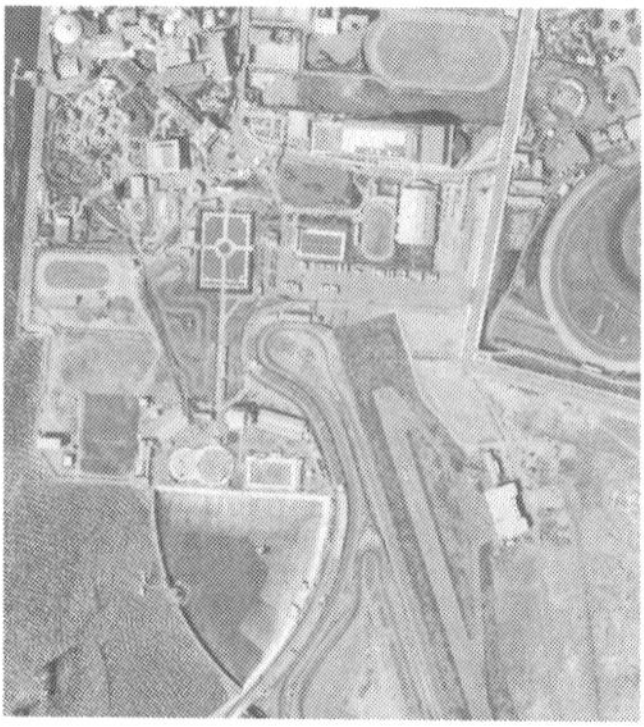

出典：国土地理院ウェブサイト(http://mapps.gsi.go.jp)「地図・空中写真閲覧サービス」より「整理番号」MKT664・「コース番号」C9・「写真番号」14・撮影年月日1966/08/29をトリミング

「ふなばし写真館」より。1965年撮影

ららぽーと開業前の1966年の様子である。まさか水面が現れるとは！ これはなんなのかというとビーチなのだ。その名も「ゴールデンビーチ」！

実はららぽーとができる前、ここには「船橋ヘルスセンター」という大テーマパークがあった。ガスの採掘をしていたところ、温泉が湧き出たのを契機に、1955年に温浴施設としてオープン。ピーク時にはなんと年間450万人が全国から訪れ、「東洋一のレジャースポット」という名をほしいままにした。温泉だけでなく、遊園地、大宴会場、ゴルフ場、水上スキー、サーキット、そしてゴールデンビーチ、さらにセスナ機での遊覧飛行まであったという、ありとあらゆる娯楽を取りそろえていた施設なのだ。1977年に閉じたこの施設に関するぼくの記憶はないが、地元の年配の方々に聞くとみな「それはすごいところだった」と口を揃えていう。

つまり、現在も残るこの微地形の凹凸に縁取られた曲線道路を走ることは、かつての「ゴールドコースト」を行くことなのだ。人が作った、さして歴史があるでもない「地形」でも、それが「ままならなさ」となって後々の土地の利用に影響する。ぼくなどはとても

「ふなばし写真館」より。1962年撮影

興味をそそられる事例だ。

さて、「人工のスリバチ」の謎は解けたが、この話には続きがある。まさに「土地の因縁」としかいいようのないエピソードが眠っているのだ。

船橋ヘルスセンターの娯楽施設のなかのひとつには人工スキー場もあったという。

これも人工の地形と言えなくもないが、ぼくがいいたいのはそれではない。ららぽーとのわきに人工スキー場といえば、あっ！　と思い浮かぶものがあるだろう。

そう、「ザウス」だ。現在ＩＫＥＡがある場所に鎮座していた。１９９３年にオープンし２００２年に閉じた巨大屋内スキー場。地元なのに結局一度も行かなかったが、かなり遠くからも見えるあの巨大な姿に、今思えば畏怖のようなものすら感じていた。雪国でもなくしかも埋め立て地の場所に、まったくの偶然で2度もスキー場が登場するとは、因縁としかいいようがない。ちなみにこのザウス、施工は皆川会長の所属する鹿島建設によるものである。

建物全景(2003年9月撮影)photo taken by Morio

さらに重ねて付け加えるのならば、船橋ヘルスセンターの開発運営者であった朝日土地興業は、後に京成電鉄、三井不動産、と3社でディズニーランドを作るのだった。埋め立て地におけるテーマパークのノウハウが、船橋の埋め立て地から浦安の埋め立て地に移されたのだろう。いずれディズニーランドにおける「人工の地形」についても考察してみたい。

ちなみに前述のオートレース場は近々閉鎖されるとのこと。このサーキットの形も微地形として残ると面白いのだが……。

エピソード21

スリバチ散歩と地図

石川初

スリバチ地形散歩に限らず、まち歩きをより楽しくしてくれる小道具がいくつかある。例えば、散歩している地域の地図、まちの風景を撮影するカメラ、移動した経路を記録するGPS受信機などだ。それぞれ、スリバチ散歩を豊かに、興味深くしてくれる道具であって、ひとつひとつについて書き始めるときりがないのだが、今回は、そのなかから地図について述べようと思う。

地図にはふた通りの使い方がある。ひとつは、自分がどこにいるかを確かめたり、そこから目的地までの経路を見つけたりする、「道案内」としての使い方だ。地下鉄の出口や、大きな施設の入り口などには、現在地が赤く印された地図がよく掲げてある。私たちはそれを見て、自分がどこにいて、どちらへ向かうかを確かめてから歩き出す。知らない町で、自分がどこにいるのかわからないままいつまでも歩くのはとても不安で苦痛である。地図によって私たちは自分の位置を把握する。

もうひとつは、地図を眺め、道路のパターンや建物の配置や地形など、その土地の様子を読み取る「読解」である。その町のどこが繁華街でどこが住宅地で、地形や水系や植生などの自然条件と町の広がりや道路のレイアウトがどのような関係にあるかなど、地図からはさまざまなことを読み取ることができる。

単なるまち歩きではなく、都市と地形の有り様を味わうスリバチ散歩に必要な地図の使い方は、どちらかというと後者の「読解」だ。もちろん、スリバチ地形散歩はあくまでも実際に歩いて都市の地形を体験するものであって、地形図の上にスリバチの形を発見したり、それを図上で研究したりすることが主な目的ではない。町に出て、坂道や階段を上り下りし、あるいはわずかな道路の勾配を感じ取り、地形と建物の関係を眺めたりする、そういう実空間の移動と観察の経験がスリバチ地形散歩の目的であり醍醐味である。

だが、例えば、あるスリバチ地形の谷底に身を置いているとき、その谷がどのような形を描き、台地をどのように流れて他の谷と合流し、海に流れ込んでいるか、というような広域の観察は、地形図を見ることなしには難しい。たとえ長い時間をかけて凹凸地形を歩き回ってみても、記憶に残るのは坂や階段や石積みの擁壁のような「地形の断片」の印象だけだ。多くの建物や構造物によって眺望が遮られている都市部ではなおさら、個々の風景は「地形」という像を結びにくい。地図を片手に歩き、地図の上に現在地を重ねて、目の前の坂や崖と等高線を見比べることで、実空間の地面がどのような地形の一部であるのかを知ることができ、断片的な風景をひとつに結びつけることができる。

地図や地形図にはさまざまなものがあるが、スリバチ散歩のスケールに適しているのは、国土地理院が発行する1万分の1地形図である。全国の主要都市がカバーされていて、細い街路や建物の形がとても詳しく描かれている。建物は、商店とそれ以外に色分けされているので、商店街のありかがわかる。また、2m間隔の等高線が描かれているため、地形を詳細に読み取ることができる。これを眺めながらスリバチを歩くと、目の前の坂道や向こうに見える擁壁などが、より大きな地形の一部として見えているということが把握できる。まさにスリバチ散歩向きの地図なのだ。

とはいえ、実際にまち歩きをしながら、路上で手に持った地図を眺めて、現在地や周辺の地形などをすぐさま理解するのはなかなか大変である。だから、例えばスリバチ学会の定期フィールドワークのように、散歩の対象地が先に決まっているような場合は、事前に地形図をよく観察し、予習をしておくことが有効である。

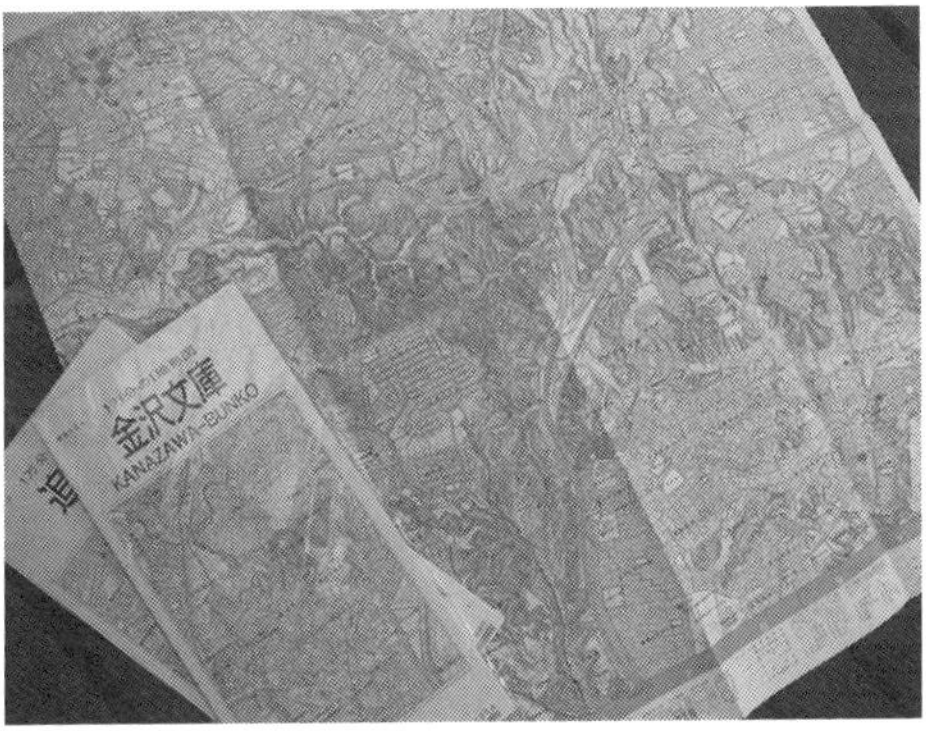

国土地理院1万分の1地形図「追浜」「港南台」「金沢文庫」

等高線から立体的な地形を想像するには、ちょっとした訓練や慣れが必要だが、地形が見えにくい時は等高線に色を塗ってみたり、標高の高いエリアと低いエリアを色分けしてみたりするとわかりやすくなる。等高線の着色は、厚みのある紙を等高線の形に切って積むような気持ちで（これは建築の設計などの際に地形の模型を作る一般的なやりかただ）色塗りしてみるといい。自分で手を動かしてみると、いろいろと発見がある。

例えば、びっしりと建物や道路に覆われているように見える東京の都心も、そこには実に複雑で豊かな地形がある。多くの道路や建物は、地形に沿って、地形を利用して配置されている。道路と地形の関係を地図上で追っていくと、地形に沿った細く古い道と、あきらかに土地を造成し、地形を切り裂いて作られている最近の道路の違いが浮かび上がったりする。地形図が描くパターンには、都市と地形のせめぎ合いの歴史が刻まれ、記録されている。

国土地理院1万分の1地形図「調布」(等高線に筆者が着色したもの)

さて、ここ数年の、デジタル地図やオンライン地図の発達と普及はすごいものがある。ちょっとした場所の検索や、目的地を誰かに教えるときなどに使われるのは、ほとんどネットを介したオンライン地図になってしまった。デジタル地図を表示するスマートフォンやタブレットＰＣなども発達して、印刷しなくても、デジタル地図を屋外で直接見ることが、簡単にできるようになった。「東京時層地図」などのように、同じ場所の古地図や旧版地図を素早く見比べたり、詳細地形図と重ねたり、GPS機能を使って地図上で自動的に現在地を表示したりと、デジタル地図ならではの便利さや面白さはたしかにある。

だが、バッテリーを気にする必要がなく、メモやスケッチを書き込んだり、折りたたんで「表示範囲」を微妙に調整したり、目を近づけたり遠ざけたりして素早く的確に「ズーム」したりと、紙の地図の使いやすさは素晴らしい。

国土地理院は地図を電子媒体に移行しつつあり、1万分の1地形図も現行の版から更新されることはなく、現在売られている在庫が底をついた時点で販売終了とのことである。1万分の1地形図に代わる、スリバチ地形散歩向きの地図は他にあまりない。私は別にデジタル技術が嫌いなわけでも、よくいる「自称アナログ人間」でもなく、道具は時と場所に応じて使いやすく適切なものを選べばよいと思っている。しかし、だからこそ道具の選択肢が狭まってしまうのは残念だ。まち歩きをする人は、今のうちによく行く場所の1万分の1地形図を買っておくことをおすすめする。

エピソード22

デジタル地図が拡張する地形の魅力

石川初

前章で国土地理院の1万分の1地形図を例に挙げて、紙の地図のよさについて述べたのだが、今回はデジタル地図の面白さについて語りたい。ただし、デジタル地図といっても、オンラインで閲覧する出来合いの地図ではなく、デジタルデータを加工して作る地形図と、それがもたらす視点についてである。

国土地理院が製作し、公開している地図データのひとつに、デジタル標高モデル（DEM）というものがある。これは、航空機から地上をレーザー光でスキャンして得られた立体情報を整理、編集して作られたもので、地上を5m四方のグリッドに分割して、それぞれのグリッドごとに最小で10㎝単位の標高が記載されている。10㎝というと、例えば市街地の道路で車道と歩道を分けている縁石の段差よりも細かい値である。国土地理院によれば、測量誤差を考慮して50㎝程度の正確さが妥当であるとのことだが、それにしてもかなり微細な、従来の地形図とは桁の異なる地形情報である。

国土地理院のウェブサイトでは、都市部や河川沿い、海岸部などを中心に、日本の国土のかなりの範囲をカバーするDEMデータが公開されていて、誰でも無料でダウンロードすることができる。これを、カシミール3Dなどの地形表示ソフトに読み込んで描画することで、地形図*を作成できる。

地形図における地形表現にはさまざまなやりかたがあるが、「陰影段彩図」と呼ばれる、標高の違いを色の変化で表し、陰影を施して地形をレリーフのように立体的に描いたものが、直感的で分かりやすい。

これで描いた東京の地形は凄い。5mグリッドの解像度は、道路と宅地の標高差を描き出し、河川の堤防や鉄道の土手を地形として表示する。標高0mから3m程度までの差を段彩するように絞って表示すると、平坦な土地に見えていた下町低地も、道路や鉄道、河川、宅地などの微細な造成によって「地形」が絶え間なく変化していることが見て取れる。

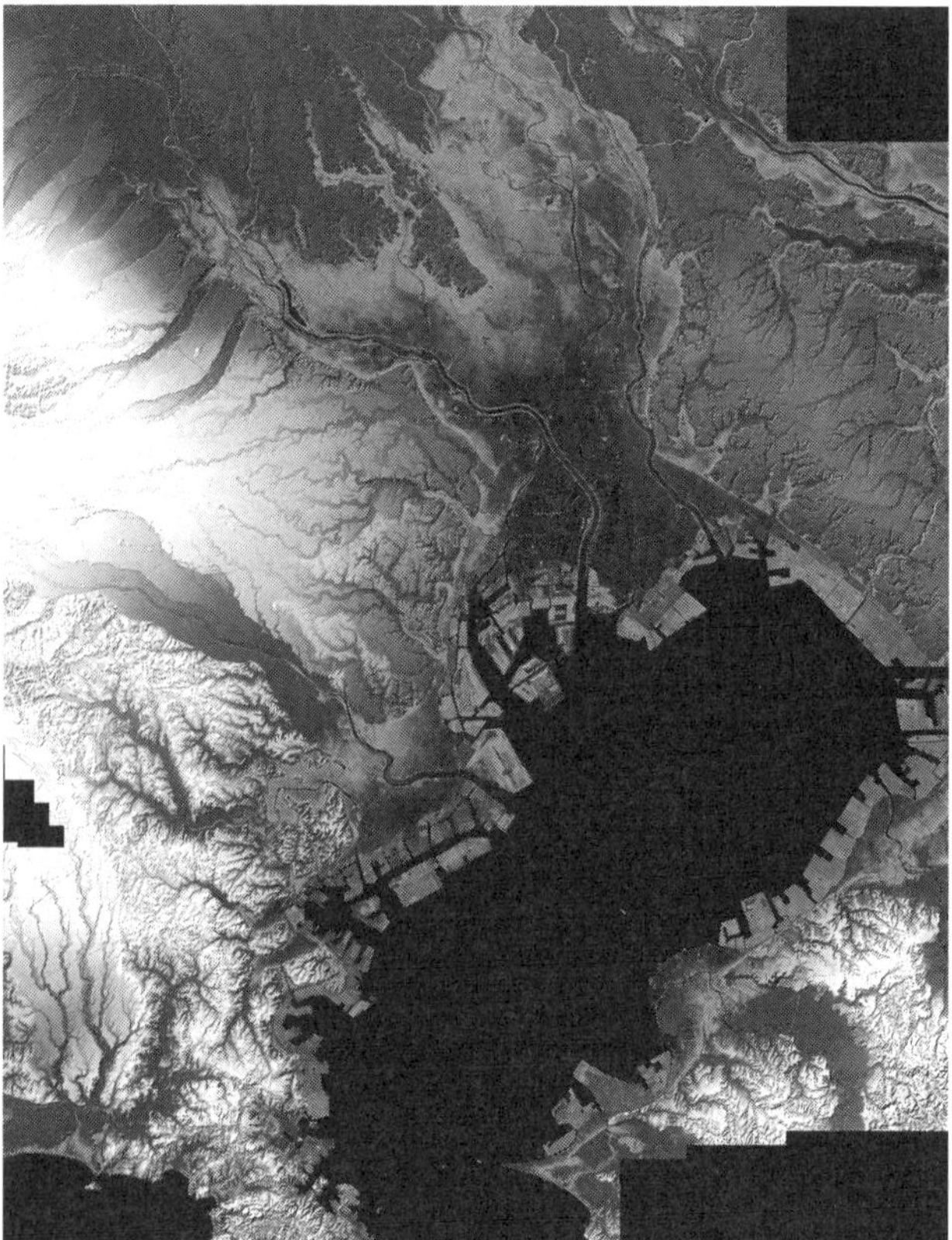
DEMをカシミール3Dで描画した首都圏広域の地形図

東京湾の地形図。標高が高い場所は明るく、低い場所は暗く表示される(カシミール3Dにより作成)

低地の周囲に張り巡らされた堤防や、中央を貫く荒川放水路の「地形」も印象的である。東京湾の海岸沿いはほとんど隙間なく人工的に埋め立てられているが、新しい埋立地ほど高く造成する傾向があるために、内陸側から現在の水際へかけて、土地の傾斜が逆転している。海沿いはまるで環礁か、火山のカルデラの外輪のような地形を描いているのだ。

江戸川区の最高地点は葛西臨海公園の付近にあり、江東区の最高地点は夢の島の先、若洲ゴルフリンクスにある。このため、東京湾沿いでは、海に近づこうとすると坂道を登るということが起きる。埋立地でもっとも高いのは、現在も埋め立てが進行中の中央防波堤外側処分場で、ここは標高が30㎝以上もあり、すでに本郷や上野よりも高い。このように、東京の地面には現在も更新され続ける「歴史」が刻まれているのだ、という事実をこの微地形図は浮かび上がらせる。

反対に、台地側に目を向けて観察していくと、興味深いのは、いくつもの谷を刻む小河川や、地形の凹凸と道路や宅地などの都市施設の拮抗関係である。

武蔵野台地を枝状に覆っている「谷」地形をよく見ると、地形の細部が宅地の大きさでモザイク効果がかかったように、いわば「デジタル化」していることがわかる。それぞれ

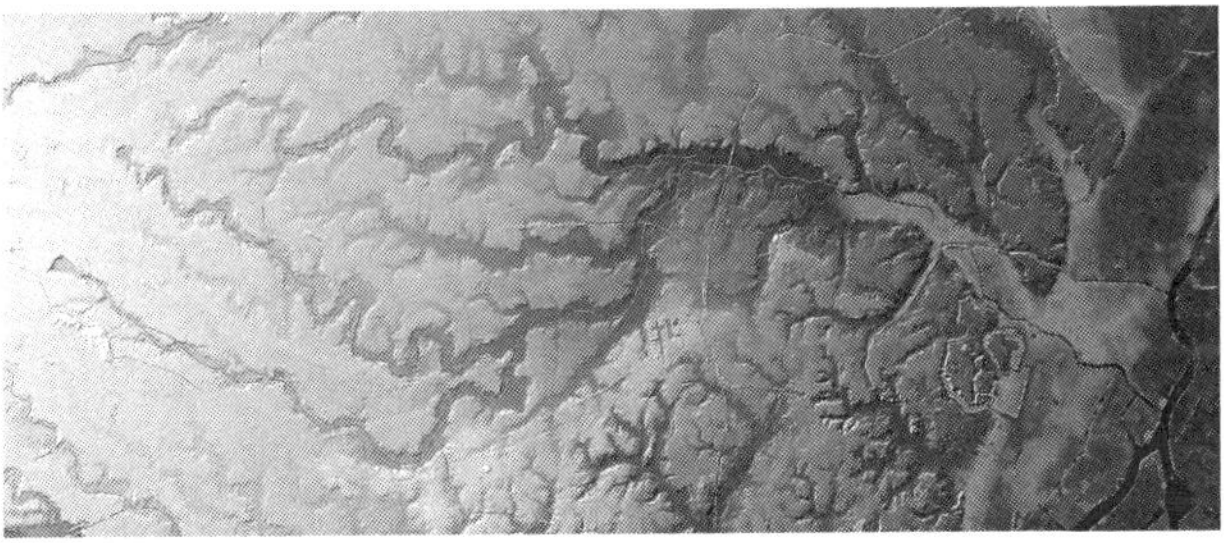
神田川流域、井の頭から隅田川まで（カシミール3Dで作成）

の敷地が最大限、平坦面を確保できるよう造成された結果である。つまり、都市というのは地面を平坦にする圧力である、ということができる。しかし、ひとつひとつの面積的単位が地形の規模に比べて小さいため、広域の縮尺で俯瞰するともともとの地形の起伏が残存しているのが見えてくるのである。デジタル化のピクセルは、地形の急峻さと開発の規模とが相対関係にある。例えば都心部の麻布台辺りでは、大規模な開発によって、俯瞰で見てもわかるような大区画で平坦化されている。それに対して、世田谷などの住宅地のほうが、敷地が細かいために土地の「解像度」が高く、微地形がよく温存されている。

国土地理院のウェブサイトには、この詳細地形データの制作過程のあらましが紹介されている。それによれば、レーザー測量は地上にある立体物を何もかも拾ってしまうため、そこから樹木や建物などの人工物を取り除いて、地形データとして整備しているという。

地形図を作るために、人工の構造物を取り除く作業が行われているというのは、とても象徴的で興味深い。現代の都市では、どこを本当の地面だと考えるかは、実はかなり難しい。私たちが地面だと思っている広場や庭が、地下駐車場の上に作られた人工地盤であるなどというのはよくあることだ。「道路」はどうだろう。ＤＥＭでも道路は地面と見なされている。しかし、考えてみれば、道路には分厚いアスファルトやコンクリートが敷かれ、その下には砂利の層が設けられている。舗装の下には様々な管があり、場所によっては地下鉄が走っていたりする。地形を作っている「地面」がどこにあるか、どれが人工物でどれが地盤であるかは、何らかの判断基準を設けて、選り分ける作業が必要なのである。それは、都市の地面を定義してゆくことに他ならない。

地上の様々な立体物を分類し、定義し、不要なものをひとつずつはぎ取って「地形」を露出させてゆく、この作業は、考古学の発掘を思わせる。実際、地形だけで表示した都市部は遺跡か廃墟のように見える。今回紹介したような詳細地形図は、都市から地面を発掘し、遺跡のように「都市の痕跡」を観察する地図なのである。

＊この原稿を執筆したのは２０１３年の年末のことだった。それ以降も現在（２０１６年２月）に至るまで、カシミール３Ｄはバージョンアップを繰り返し、目覚ましい進化を遂げている。特筆すべきは２０１５年11月にリリースされた「スーパー地形セット」だ。これは、サーバーに用意された詳細地形データをオンラインで閲覧できる機能で、有料であるが、このライセンスを購入することで日本全国の詳細地形図を表示することができる。地形を強調して表現するカラーパレットや凹凸の陰影があらかじめ用意されており、国土地理院の「地理院地図」の２５０００分の１地形図や空撮写真などを半透明にして重ねて表示することもできる。国土地理院のウェブリイトからダウンロードしてパソコンにデータを保存し、カシミール３Ｄで変換して表示、という手間が省けるようになり、そのままでいきなり全国が閲覧できるこの手軽さは画期的だ。地形図の陰影表現も、従来の陰影表現や等高線図とは全く違った立体感を味わえるものになっている。少しでも地図や地形に興味のある人は、これを入手してどの地域でもちょっと眺めてみることをおすすめる。その地域、その土地に対する見方が驚くほど変わることは請け合いである。

エピソード23

「東京の微地形模型」と地形ファン

荒田哲史

東京の地形の魅力とは何か。それを考える際に、まず最初に挙げるべきは自然が生んだバリエーションの豊富さである。自然によって作り出された地形（海底の隆起でできた海岸平野など）のことを「原地形」とすると、東京の原地形でもっとも特徴的なのは、西側の「山の手台地」と東側の「下町低地」が織りなすコントラストだ。景観や文化の違いを生んできた台地と低地は、地形が及ぼす社会への多大な影響を実感させてくれる。

また、世界有数の大都市として発展を続ける東京は、徳川家康の入城から現代に至るまで、時代の要請に応えるように大規模な土木工事を繰り返し行ってきた。その痕跡が随所に残っている点も大きな魅力のひとつである。

このように、表情豊かな「原地形」とそこに人間の手が加わることにより変貌を遂げてきた「人工地形」を併せ持つ東京の地形は、私たちの探求心を大いにくすぐる存在なのだ。その魅力を映し出すメディアとして、「東京の微地形模型」を制作・展示したのは

「武蔵野台地」と呼ばれている高台部分は、地質学的には「淀橋台地」「目黒台地」「豊島大地」「本郷台地」と分類することができる

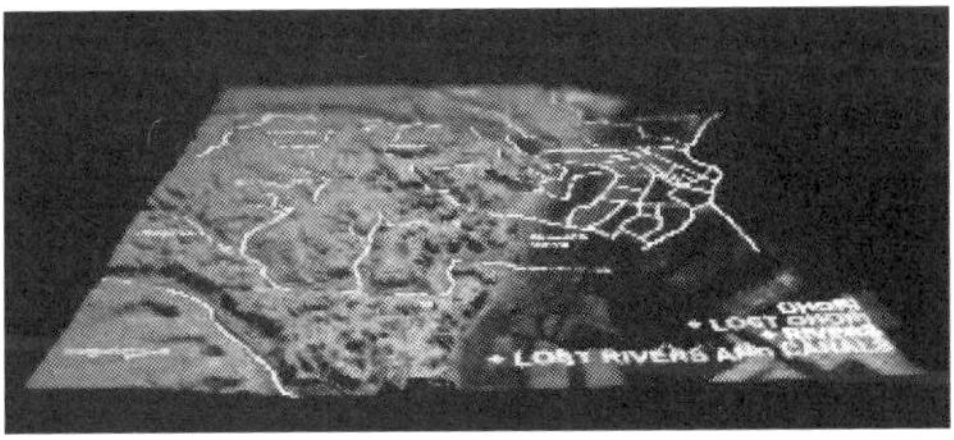

近世では物資輸送や防衛策として張り巡らされていた運河は、時代の情勢に合わせ、埋立てや暗渠化が進められた

２０１１年のこと。この地形模型は、1.5ｍ四方の木材を５ｍメッシュ標高データ（国土地理院）の数値を基に工作機械で削り出したものである。翌２０１２年、模型の上に、江戸古地図、海面上昇シミュレーション、交通インフラ、暗渠を含めた水路、地質の分類他、様々な映像コンテンツをまとめた約15分のムービーを投影した。２０１３年夏まで開催したこの展覧会は、数年前からの地形ブームも相まって好評を博し、開催期間の延長を重ねた結果、想定した以上の沢山の方にお越しいただいた。

「縄文海進」をイメージしたコンテンツ

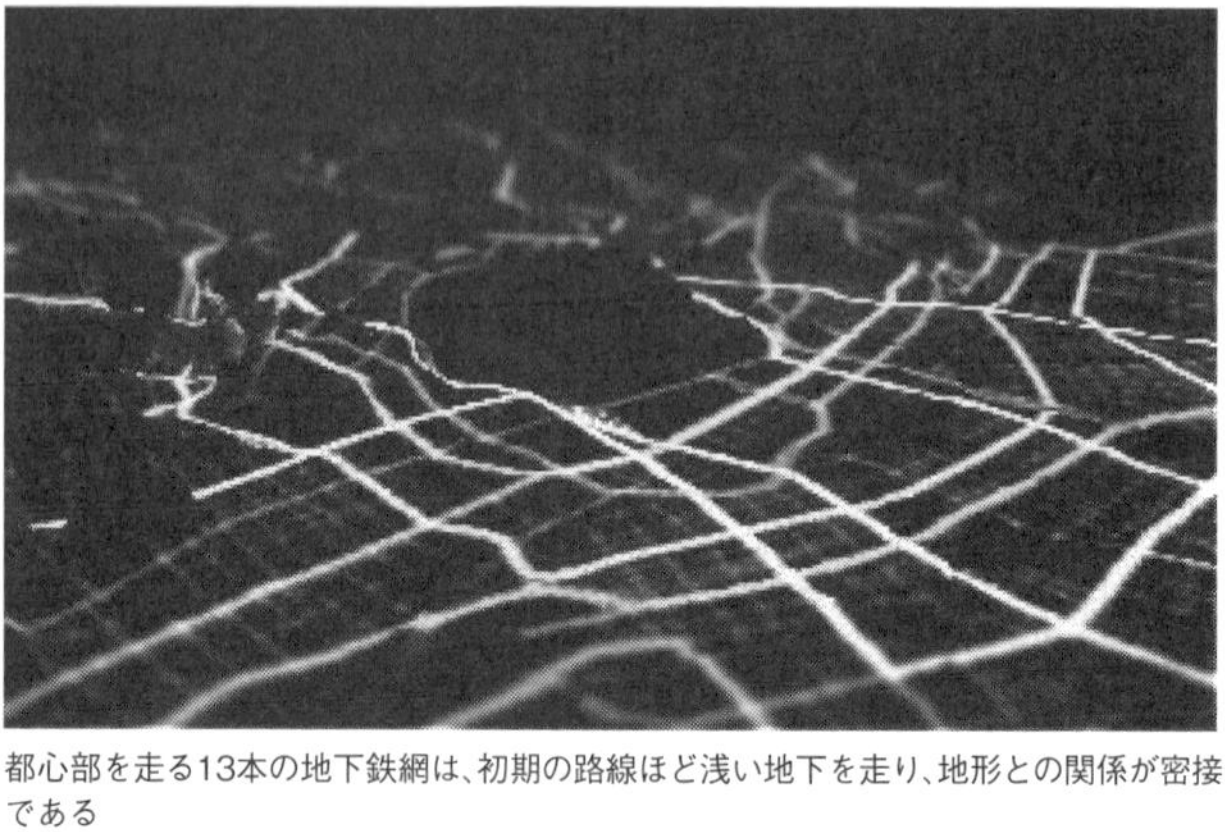

都心部を走る13本の地下鉄網は、初期の路線ほど浅い地下を走り、地形との関係が密接である

来場者の様子を見たり意見を聞いたりしているうちに、特に興味深く感じるコンテンツや地形に対する想いが人それぞれ異なることに気づいた。そこで彼らを大まかにカテゴライズすることができるかもしれない、と考えるに至った。

まずは大きく分けて「アカデミック系」と「ロマン系」に分類することができる。「アカデミック系」とは自然地理学や都市論などといった学術的見地から地形へアプローチする人々だ。彼らは研究対象に関する決定的な証拠資料を集め、詳細に検証や分析をする。肩書きのあるなしにかかわらず、その姿勢はあくまでも〝学者〟である。なお、学問分野によって「アカデミック系」を更に分類することができる。

地形は文化を生む。自然の基盤上に、時代ごとに特色を持つ人間生活のレイヤーが重ねられてゆく。「ロマン系」は、その歴史や想像のイメージに浸ることに重きを置く人々である。文化人類学や歴史学から、文学や絵画（浮世絵）、写真などの多様な芸術ジャンルに至るまで、その入り口は無数にある。書籍を何冊も出しているような専門家から趣味の領域で楽しむ愛好家まで、程度の差はあれ地形好きの人口のほとんどを占めるのは、間違いなくこの「ロマン系」だ。そしてロマン系もまた、大きく2つのグループに分類することができる。

アカデミック系

自然科学派

ベース

自然地理学、地質学など

特　徴

- 学会や大学機関に属する研究者が多い
- 地殻変動、気象影響、水系の侵食や堆積など自然がつくり出した地形を探求する
- 地質学の観点から災害時の弱点をあぶり出すなど、防災学や地震学との結びつきも強い

活動例

しばしば工事現場に足を運び、地層を確認する(特に都市部の再開発が活発な時は、研究を進める絶好の機会だ)

関連書籍

『東京の自然史』(貝塚爽平／講談社学術文庫)、『地形工学入門』(今村遼平／鹿島出版会)

人文・社会科学派

ベース

建築史、都市論、社会学、都市史、文化人類学、考古学

特　徴

- 学会や大学機関に属する研究者が多い
- 「江戸・東京400年」という観点から都市基盤を探求する
- 古文書や古地図を研究資料として多用している
- 台地に建つ権力者の邸宅など、地形と建築の関連性を明らかにする
- 「ブラタモリ」に呼ばれがち

活動例

地形が及ぼす社会現象の調査。フィールドワーク

関連書籍

『東京の空間人類学』(陣内秀信／ちくま学芸文庫)、『見えがくれする都市』(槇文彦他／鹿島出版会)

ロマン系

歴史派

ベース

考古学、人文地理学、文化人類学、日本史、歴史ドラマ

特　徴

・都内の名跡を歩く中高年グループ(暗渠化前の河川や都電などを記憶に残している方も多く、貴重な話を聞くことができる)
・博物館や郷土資料館に通うことで歴史の基本的な知識を備える
・ドラマチックな話を好み、特に縄文海進期に高い関心がある
・地名のルーツを詳細に知りたがる
・夏目漱石や永井荷風など日本近代文学の愛読者
・旧江戸城本丸から東を望み、武蔵野台地と下町低地のダイナミックな高低差を確かめるのが好き

活動例

縄文時代を主とする原地形への憧憬や江戸・東京など各時代の痕跡を求め、週末は都心でハイキング(“アカデミック系”をナビゲーターとして呼ぶ場合も)。知識を披露し合う場を複数持つなど、積極的な知的交流を好む

関連書籍

『荷風と東京 上・下』(川本三郎／岩波現代文庫)、『アースダイバー』(中沢新一／講談社)

マニア派

ベース

他の追随を許さない探求心

特　徴

・地図、鉄道、バス、路地、坂、階段、壁、社寺、暗渠、看板建築など都市の細部に魅せられ、それぞれのテーマを掘り下げることで地形との関係を見出した人々
・ターゲットに集中するあまり周囲から怪しまれるような行動を取っていることもあるが、独自の理論と、獲物を絶対に見逃さない優れた観察眼を持っている
・「タモリ倶楽部」に呼ばれがち

活動例

コアなファン向けの出版物の刊行やグッズ販売、ならびにイベント開催

関連書籍

『地形を楽しむ 東京「暗渠」散歩』(本田創／洋泉社)、『壁の本』(杉浦貴美子／洋泉社)

「縄文期の貝塚」、「弥生期の土器」、「古墳時代の前方後円墳」、「室町時代の築城」、「江戸時代の城下町」……これらはすべて、武蔵野台地の先端部分で起こった歴史的事実である。このように、遥か太古の時代から現代に至るまで、人間生活は完全に土地の形状に根付いた変遷を経てきており、切り離すことはできない。「原地形」や、その上に幾重にも折り重なるレイヤーに心惹かれてやまないのは、私たち人間の本能なのだろうか。剥き出しの地形模型を眺め、現実と空想を往来しながらそんなことに思いを馳せる。

エピローグ

スリバチ歩きは永遠に

皆川典久

自分が建築設計者として関わった、ひとつの大きなプロジェクトが終了した。基本構想から具体的な設計作業へと進み、多くの設計変更を繰り返した後《のち》、建設コストのハードネゴを経て工事着手へと何とかこぎ着け、予定工期内に無事建物を引き渡すことができた。その間に6年と半年の月日が流れていた。ショッピングモールと高層オフィス、そして高級マンションを含む複合型の大規模再開発案件としては、比較的順調な経過だったと思う。経済情勢の変化や、クライアントの方針変更などによって頓挫する案件を数多く見てきたからだ。

オープニングセレモニーで賑わう建物をあとにして、設計中に調査のために幾度となく歩き回った隣の街区の住宅地に足を踏み入れた。昭和的な町並みが残るその一帯は、迷路状に路地が入り組み、軒を連ねる木造住宅からは生活の匂いが溢れ出していた。迷子になりそうな狭く細い路地をのんびりと歩く。プロジェクトがスタートした当初、住宅地図に描かれた一見無秩序にも見える街路の中に、歪曲しながらどこまでも続く一筋の道が気になっていた。今なら分かる。この町を潤した河川の蛇行跡だということが。現在その河川自体は、3面をコンクリートで覆われ、川底にわずかな水流が見られるに過ぎないが、蛇行跡が示すよう、かつての川はゆらゆらと気ままに大地を流れ、この一帯にはのどかな田園地帯が広がっていたのであろう。現在の水面は地面からおよそ4m下にあるが、それは洪水対策として川の流量を増やすために掘り下げられたものだ。蛇行していた頃は手が届くようなすぐ近くに、せせらぎの流れる水面があったに違いない。

コンクリートに覆われた川は無味乾燥ではあるものの、清らかな水音に誘われるように、その河川沿いの遊歩道を歩いてみることにした。遊歩道は所々ポケットパークのように整備されているが、くつろぐ人はいなかった。建物のごみ置き場や室外機が並ぶ沿道は、町から拒絶されたようで場末感が漂っている。しばらく歩くとコンクリート製の護岸に、大きな排水口がぽっかりと口を開けているのが見てとれた。流れ込む水の量はごく僅かであるが、排水口の大きさは単なる側溝ではなく、都市河川の風格を醸し出していた。川の反対側へと橋を渡り、支流と思われる川筋を上流へと遡ってみることにした。

暗渠化された支流の川跡は遊歩道として整備され、どこまでも続いているようであった。

折々に川の歴史を伝える解説板が設置され、地元ではよく知られた川だったことが分かる。どうやら都内に流れていた多くの都市河川と同様に、高度成長期に暗渠化されたようだ。足元から聞こえてくる微かな水音を頼りに川跡を辿っていく。

暗渠路が比較的大きな道路と交差する場所には橋の痕跡が残っていた。コンクリート製の親柱には、橋の名が刻まれ、今でもはっきりと読むことができる。こうした遺物は歴史を語る町の宝物だと思う。思い出が人生を豊かにするように、町の記憶を残すこともまたかけがえのないことだ。存在理由を知らなければ、古くて汚い不要なものに違いないが、実は残すべき価値のある都市の残像が、暗渠沿い、あるいは谷間の町には多いことを知った。暗渠に寄り添う町は、先を急ごうとする東京の都市開発からは取り残され、町自体も乱雑でごちゃごちゃしているが、新興の開発地にはない親近感や、定量的に表現しづらい魅力を感じてしまう。都市の開発や建物の設計に関わる立場として、こうした魅力を生み出すような「仕組み」を構築できたらと常々考えている。建物や町のデザインという狭義な捉え方に留まるのではなく、都市、あるいは社会を支えるインフラとの視点に立ち、蓄積すべき都市資本を供給する広義のデザインが必要なのだろう。

橋跡の周辺には名を聞いたことのないレトロな商店街が広がっていた。多くの建物が川跡に背を向けてはいるが、遊歩道に生まれ変わったかつての川に顔を向けた飲食店舗も散見できた。高度成長期、東京の都市河川には生活排水が流れ込み、悪臭を漂わせていた。その多くが蓋をされ暗渠化された。当時は反対運動も少なく、むしろ住民には歓迎された工事だったらしい。今こうして暗渠を歩いていると、自転車で走りぬけてゆく買い物帰りのオバちゃんや、不自由な足を引きずりながらもゆっくりと散歩する老夫婦などを見かける。地元住民にとって暗渠路は大切な移動ルートであり、車に脅かされることなく歩ける貴重な生活空間となっていることが分かる。

地図を片手に近づいて来る若者とすれ違った。キョロキョロと周囲を見渡し、地図に何やらメモをしているようだ。カエルのポーチを肩からぶら下げ、自分の位置を確認・記録できるGPS装置を腰に付けている。自分と同類のマニアだと確信し、「カエルちゃん」と勝手に命名する。川跡を辿っているところをみると、暗渠界の住人だろうか。振り返るとカエルちゃんの姿はそこになかった。

のどかな黄昏時の暗渠路に、ポツンと一軒、赤ちょうちんが灯っているお店が目に入った。谷間の町や暗渠沿いには、こうした地元で愛される個人経営のお店が点在する。開店準備中かもしれないが、暖簾をくぐってみる。「いらっしゃい」と優しい声がした。客のいないガランとした店内の片隅に置かれた古いパイプいすに腰を沈める。これはチャンスと思い、お店を切り盛りしている老夫婦に話しかけてみた。終戦後に上京し、当時は山の手の新興住宅地として開発で湧いていたこの地に夫婦でお店を構えたこと、以前はこの近くにあった工場で働く人たちが大勢押しかけ、とても繁盛していたこと、店の前を流れていた川にはドジョウやフナ、エビがいたことなど、興味深い話を語ってくれた。辺りは夕闇に包まれたがお店に入ってくる客はいなかった。名残惜しいが会計を済ませて店を出る。今日はこの先、川の水源まで遡ってみようと思った。

荒川や多摩川は別として、武蔵野台地面を流れる都市河川の多くは、2、3時間も歩けば水源へと辿り着ける。ささやかではあるが、大都会の真ん中で、普段着のまま出かけられる「冒険」だ。そしてこうして歩いていると、何処までも歩いていけそうな「力（フォース）」が湧いてくる。東京の素晴らしさは、水源に辿り着いても公共の交通機関で戻って来られることにある。安心して迷子になれるのは、東京ならではの贅沢だと思う。

遊歩道に整備され歩きやすかった川跡は、未舗装の狭い路地へと変わり、住宅地のすき間をゆらゆらと上流へ誘う。すっかり日も暮れ、街灯のない流路跡を一歩一歩踏みしめながら進んでゆく。足元のコンクリート製の暗渠蓋がゴトゴトと音を立てる。静かな住宅地を脅かさぬよう慎重に足を進める。錆びたトタンの倉庫に突き当たり、路地が途絶えた。ここが水源？　おそらく違うだろう。焦ることはない。店舗や住宅が密集する一帯を土地の高低差だけを頼りに彷徨い始めた。この静かな一帯も、おそらくは戦後に宅地化されたのであろう。開発前は水田が谷間に広がっていたに違いない。畦道を想わせる湾曲する路地が谷間に幾筋か走っているのが分かった。川跡は谷間の底にあることが多いので見つけることは容易であるが、水田だった場所には灌漑用水が複数流れていたことも多いため、川跡が複数見つかる場合がある。「谷間を流れた川は一筋ではない」と自分に言い聞かせ、「簡単には真の回答は得られない、あるいは答えは複数見つかる時もある」と自分を戒めている。

いくつかある川筋のうち、カラフルに舗装されている路地を進むことにした。足元に敷かれたコンクリート平板は端部が欠けてデコボコしていた。道の端にはコケも見られる。しばらく行くと街灯も減り、路地の両側を見渡すと、谷も浅くなってきたようだ。真っ暗な夜道で、住宅の玄関にある防犯灯が点灯し、唐突に自分を照らす。もしも防犯カメラが普及し、人けの少ない路地に侵入する怪しい人物の映像が写されたとしたら、自分は日本一の不審者として記録されているはずだ。

銭湯の煙突が闇夜にぼんやりと浮かび、クリーニング屋の明かりが路地を照らしている。マンホールの下から聞こえる水音が、静かな住宅地にこだまし、目の前を横切る猫の気配がした。広い道路と交差する場所に、朽ちた車止めが設置され、車の侵入を拒んでいる。辿ってきた路地が流路跡であることを確信し、足取りを速める。鬱蒼《うっそう》とした木々のシルエットを背景に木造の鳥居を見つけた。傾いた鳥居の先の丘には小さな祠が祀られているのが分かった。散歩の途中で見かけた神社には必ず立ち寄るようにしている。神社の縁起や由来を記した解説板が設置されているかもしれないし、建立された場所の意味を微地形を手掛かりに探るのは、現地ならではの楽しみだからだ。麓を流れる川との関係性や、町の発展における場所性など、あれこれ妄想するのはこの上ない悦楽である。お参りを済ませ、鳥居をくぐるとデジャブに襲われた。自分はいつかここに来たことがある？　目の前に広がる古い街並みを歩き回ったことがある⁇

20年以上も昔、バブル時代の微かな記憶を手繰り寄せた。再開発予定地の現地調査のため、自分は確かに住宅地図を眺めながらこの一帯を歩き回っていた。上司からは「調べていることを住民に悟られないように……」とクギをさされた作業だった。賑やかな表通りから一本裏に入っただけで、昭和を想わせる古い一角が残っているのがとても不思議に思えた。自分が憧れていた華やかなトーキョーの片隅には、もうひとつの顔をもつ「東京」が拮抗し、リアルな生活が息づいていることを知った。上京してまだ間もない自分が、東京という町の二面性を垣間見た瞬間だった。そのプロジェクトの是非について当時は疑問を持たなかったが、その後バブルがはじけ、プロジェクトは無期延期に追い込まれ、この一角のことも記憶の奥底に沈んでいった。

暗闇に包まれた静かな暗渠路を行くと、一戸建ての古い台湾料理屋が目に入った。くもりガラスの窓からは中の様子が窺い知れないが、ガタつくアルミ製の戸を引いて店内をのぞいてみた。カウンターだけの小さな店には、料理を作る台湾人らしき女性と若い女性客がひとりだけだった。壁一面に貼られたメニュー代わりの写真を眺めながら、お店のおすすめを聞いてみた。「ちまきとジーマージャン麺（芝麻醤麺）！　麺を食べ終わったらスープを入れてもらうのが、おすすめの食べ方で〜す」、料理人のママさんではなく居合わせた女性客が陽気に答えてくれた。

終戦後に母に連れられて、台湾から見知らぬ日本にやって来たらしい。最初はこの近くの駅前の屋台で台湾料理を提供していたが、高度成長期の初めに貯めたお金をはたいて、この場所にお店を構えたのだという。その頃は店の前を小川が流れていて、釣りをする人もよく見かけたという。ここからちょっと下流では土左衛門が上がったこともあったらしい。小さな店だが地元の名士が立ち寄ることもあるらしく、自分もよく知る、大企業オーナーの名が挙げられた。この店から坂を上った一角に広大な屋敷を構え、庭には鬱蒼とした緑が生い茂っていたという。不祥事がきっかけでそのオーナーは失脚し、屋敷は物納され現在は区立公園になっているのだという。「公園には小さな沼があり、それがこの一帯の地名になっている……」独特のアクセントの日本語でママさんが教えてくれた。その一帯が、おそらく辿ってきた川の水源だろう。いつの間にか自分は源流近くに辿り着いていたのだ。

いつしか狭い店内は満席となり、常連客らしい人たちとママさんの陽気な会話が店を活気づけていた。ジーマージャン麺を頼んでいる客は自分の他にはいなかった。ガラガラと戸を引く音が店内に響き、すき間から夕刻にすれ違ったカエルちゃんが顔を覗かせた。驚きと親しみの笑みを交わし、自分は夜の帳に包まれた谷間の町へ出た。

そろそろ行こう。辿ってきた川の水源へ。谷間の最深部へ。

プロフィール

皆川典久(みながわ・のりひさ)

1963年群馬県生まれ。2003年にＧＰＳ地上絵師の石川初氏と東京スリバチ学会を設立。谷地形に着目したフィールドワークを都内各地で行う。2012年に『凹凸を楽しむ東京「スリバチ」地形散歩』(洋泉社)を、翌年には続編を上梓。また、町の魅力を発掘する手法が評価され、「東京スリバチ学会」として2015年にグッドデザイン賞を受賞。

佐藤俊樹(さとう・としき)

1963年生まれ。1989年東京大学大学院社会学研究科博士課程退学、社会学博士(東京大学)。現在、東京大学大学院総合文化研究科教授。職業上の専門は省略(^^。地形の凸凹と神さまの関わりに興味があります。春には桜惚けを起こします。

松本泰生(まつもと・やすお)

1966年静岡県生まれ。尚美学園大学講師・早稲田大学オープンカレッジ講師。都市景観・都市形成史研究を行う傍ら、90年代からの東京の階段を訪ね歩く。東京23区内にある階段を全て歩くことが現在の目標。著書『東京の階段—都市の「異空間」階段の楽しみ方』(日本文芸社)。

髙山英男(たかやま・ひでお)

中級暗渠ハンター(自称)。ある日「自分の心の中の暗渠」の存在に気づいて以来、暗渠に夢中に。2015年に『暗渠マニアック！』(柏書房)を共著、『「地形を楽しむ東京「暗渠」散歩』(洋泉社)も一部執筆。本業は広告業で、『絵でみる広告ビジネスと業界のしくみ』(日本能率協会マネジメントセンター)などを共著。

吉村生(よしむら・なま)

暗渠界の住人。杉並区を中心に、縁のある土地の暗渠について掘り下げたり、暗渠のほとりで飲み食いをしたり、ひたすら暗渠蓋の写真を集めたり、銭湯やラムネ工場と暗渠を関連づけるなど、好奇心の赴くままに活動している。『暗渠マニアック！』(柏書房／共著)、『地形を楽しむ東京「暗渠」散歩』(洋泉社／分担執筆)。

上野タケシ(うえの・たけし)

1965年栃木県生まれ。一級建築士事務所上野タケシ建築設計事務所代表。建築設計の仕事以外に、ライフワークで「庭園」研究と夜散歩をする。共著に『快適で住みやすい家のしくみ図鑑』(永岡書店)、『イラストでわかる建築用語』(ナツメ社)。

中川寛子(なかがわ・ひろこ)

東京生まれの東京育ち。不動産、地盤、街選びのプロとして首都圏のほとんどの街を踏破している。茶人であり、伝統芸能オタクでもある。著書に『この街に住んではいけない』(マガジンハウス)、『ブスになる部屋、キレイになる部屋』(梧桐書院)、『解決！空き家問題』(ちくま新書)など。

浦島茂世（うらしま・もよ）

フリーライター、新潮講座「東京のちいさな美術館めぐり」講師。時間を見つけては美術館やギャラリーに足を運び、内外の旅行先でも美術館を訪ね歩く。著書に『東京のちいさな美術館めぐり』、『京都のちいさな美術館めぐり』（株式会社G.B.）など。

三土たつお（みつち・たつお）

1976年茨城県生まれ。ライター、プログラマー。地図好き。@nifty:デイリーポータルZなどに連載中。『地形を楽しむ　東京「暗渠」散歩』『凹凸を楽しむ　東京「スリバチ」地形散歩』（共に洋泉社）などに寄稿。好きな川跡は藍染川です。

大山顕（おおやま・けん）

1972年千葉県生まれ。フォトグラファー／ライター。1998年千葉大学工学部修了。著書に『工場萌え』『団地の見究』（いずれも東京書籍）、『ジャンクション』（メディアファクトリー）、『ショッピングモールから考える』（幻冬舎）などがある。twitter:@sohsai

石川 初（いしかわ・はじめ）

東京スリバチ学会副会長として、会長・皆川典久とともに東京の地形を巡る様々な活動を実践している。慶應義塾大学大学院政策・メディア研究科教授。登録ランドスケープアーキテクト（RLA）。ＧＰＳ地上絵師。東京大学空間情報科学研究センター協力研究員。日本生活学会理事。

荒田哲史（あらた・てつし）

神田神保町の建築専門書店、「南洋堂書店」店主。神保町で古地図や古文書に囲まれ、坂の多い文京区で凸凹を感じながら育ったことがきっかけで地形に興味を持つようになった。建築と地形の関係は密接であるので、何らかの提案を今後もしていきたい。

初出・Webマガジン「マトグロッソ」
「スリバチに誘われて〜凹凸地形が奏でる街角のストーリー〜」
（2012年12月〜2014年3月）

イースト新書Q

Q013

東京《とうきょう》スリバチ地形入門《ちけいにゅうもん》

皆川典久《みながわのりひさ》＋東京《とうきょう》スリバチ学会《がっかい》

2016年3月20日　初版第1刷発行

編集　高良和秀
発行人　北畠夏影
発行所　株式会社イースト・プレス
東京都千代田区神田神保町2-4-7
久月神田ビル　〒101-0051
tel.03-5213-4700　fax.03-5213-4701
http://www.eastpress.co.jp/
ブックデザイン　福田和雄（FUKUDA DESIGN）
印刷所　中央精版印刷株式会社

©Norissa Minaqua,The Tokyo Urban Basin Society 2016,Printed in Japan
ISBN978-4-7816-8013-2

本書の全部または一部を無断で複写することは著作権法上での例外を除き、禁じられています。

落丁・乱丁本は小社あてにお送りください。

送料小社負担にてお取り替えいたします。

定価はカバーに表示しています。